LA LOI NOUVELLE

du 20 août 1885

SUR LES BIÈRES

Julien BOURIGEAUD

CHIMISTE

LILLE (Saint-Maurice).

LABORATOIRE DE CHIMIE

POUR L'ANALYSE DES

MALTS, GRAINS CRUS, HOUBLONS, EAUX, etc.

ET

TOUS PRODUITS INTÉRESSANT LA BRASSERIE.

Mon laboratoire est placé sous le haut contrôle de la Station Agronomique qui relève elle-même du Ministère de l'Agriculture.

Il est spécialement et gratuitement destiné à l'usage de la Brasserie.

Mes analyses, conseils, consultations et recherches sont gratuits.

Pour les eaux, bières et tous liquides à analyser, envoyer 2 litres.

Pour les malts, houblons, etc., envoyer 200 grammes environ.

Je mets gratuitement à la disposition de MM. les Brasseurs une méthode de brassage permettant d'obtenir industriellement le rendement théorique des malts et des grains crus à 1 %, près, et des bières ayant le cachet demandé, une clarté brillante, bières très mousseuses et indécomposables l'été.

Références des plus importantes et des plus sérieuses,
Brasseries françaises et étrangères.

M

En ce moment où la réforme de l'impôt des poissons menace d'atteindre la Brasserie, je prends la liberté d'attirer votre attention sur le régime fiscal qui régit la Brasserie en Belgique.

J'ai souvent répété que le kilog. d'extrait de malt se vend 1 franc sous forme de bière et déduction faite des droits de régie, etc.

En effet, une bière qui, à l'état de moût, marquait 10° au Balling ou 3.9 au densimètre ou 5°,5 au Baumé, laquelle contient par hectolitre 10 kilog. d'extrait, se vend au minimum 10 francs l'hectolitre ou 1 franc le kilog. d'extrait.

Si donc on retire de 100 kilog. de grains 65 kilog. d'extrait au lieu d'en obtenir seulement 50 kilog., on aura produit en plus et avec les mêmes frais une quantité de bière représentant une valeur de 15 francs en plus ; autrement dit 100 kilog. de grains auront rapporté sans risques 15 francs en plus.

D'autre part, supposons par impossible qu'un brasseur dédouble régulièrement tous ses brassins d'Hiver et d'Été et sans le secours coûteux des glucoses dont le procès n'est plus à faire.

En comptant 100 kilog. de grains par 5 hectol. de bière à 10° Balling (car pour dédoubler on ne saurait mieux extraire) le bénéfice réalisé par le fait de la fraude sera représenté par 5 fois 2 fr. 50 ou 12 fr. 50 au lieu de 15 fr. obtenus par la bonne extraction.

On a donc tout à gagner à bien extraire ; l'écart est plus grand, la qualité de la bière est meilleure et l'on n'a à redouter ni risques, ni vexations.

Je souhaiterais pour ma part qu'à l'exemple de la Sucrerie et de la Culture de la betterave, la Brasserie et la Culture de l'orge en France reçoivent cette

GRANDE RIZERIE LILLOISE

Articles de Brasseries

Julien Bourigeaud

CHIMISTE

LILLE (St-Maurice)

Les Riz **Abeille** sont les seuls qui soient complètement saccharifiables en cuve matière sans installation spéciale et sans ébullition préalable aux mêmes températures que le malt.

Mes riz, marque abeille (déposée) en sacs plombés, sont spécialement préparés pour l'usage en brasserie et sont desséchés au point et de telle façon qu'ils n'ont pas l'aspect des autres riz, mais cette **préparation et leur désagrégation unique** a pour effet de donner **un rendement considérable.** Leur prix est de 28 fr. 50 les °/o kil. Franco gare de l'acheteur jusque Paris inclus.

Mes riz granulés sont vendus 1 franc de moins car ils nécessitent moins de manipulations et ne peuvent être complètement saccharifiés en cuve-matière ; de plus ils sont plus blancs.

On doit pour les saccharifier, les faire bouillir au préalable en chaudière et dans ce cas les albuminoïdes du riz ne peuvent être en contact de la peptase du malt, ce que j'ai reconnu être un très grave inconvénient, **outre le risque de brûler la chaudière** et d'obtenir parfois une **saccharification moins complète** que celle est inévitablement obtenable **quels que soient les malts**, avec les riz marque abeille.

Mes fleurs de riz au contraire se saccharifient complètement en cuve-matière aux mêmes températures que l'amidon du malt.

Il m'arrive dans les brassins que je fais journellement de remplacer 300 kil. malt ou 240 kil. glucoses par 200 kil. de riz et d'obtenir des résultats de beaucoup supérieurs.

Les qualités des bières au riz comme finesse, montant, moelleux, clarté, stabilité, sont aujourd'hui si reconnues et se sont tellement imposées, que le riz aujourd'hui n'a plus de détracteurs.

En résumé, les avantages des bières dans la composition desquelles le riz est entré sont :

Belle nuance paille ou rouge orange, clarté et stabilité en raison de l'appauvrissement des moûts en matières minérales et en matières azotées, ce qui contribue à éviter les refermentations et le filage.

Rendement supérieur de 30 à 40 p. °/o et conséquemment économie, et celle-ci en raison de ce que l'on remplace par le riz les glucoses coûteux ou une notable proportion de malt.

Finesse de goût, fait d'expérience incontesté outre que le mode d'emploi du riz comporte une méthode rationnelle du travail du malt.

Moelleux. — En raison de la quantité de dextrines et de peptones dont le mode d'emploi assure la production.

Mousse. — Fait d'expérience également incontesté, et qui se déduit des avantages précités.

Pour engager à faire l'essai de mes riz, je livrerai par deux ou trois sacs afin de permettre de les apprécier comparativement avec ceux d'autres marques.

Je puis citer maints brasseurs ayant fait leurs **bières de garde au riz** et à leur entière satisfaction.

Les fleurs de maïs décortiqué, marque abeille, présentent sur les produits similaires employés en brasserie, les avantages suivants :

Elles sont directement saccharifiables en cuve-matière.

Elles enrichissent considérablement les moûts en dextrine et contribuent puissamment à donner le moelleux.

Elles contiennent très peu de matières azotées solubles et de matières minérales.

Le goût très fin de ces fleurs de maïs a une grande analogie avec l'arôme de certains malts. — Les bières qui en proviennent ont une couleur jaune or.

Ces fleurs de maïs donnent plus de drèches que le riz et peuvent entrer dans la composition des bières courantes qu'elles concourent, pour les motifs précités, à rendre excellentes.

PRIX : 25 fr. °/o k°. Franco-Nord.

LA LOI NOUVELLE

SUR LES BIÈRES

impulsion prospère que des droits protecteurs ne sauraient que difficilement imprimer, à la différence d'une législation progressiste qui amène nécessairement des primes au meilleur travail et aux meilleures matières premières.

Le moindre inconvénient de la loi de 1816 est de river trop fréquemment la Brasserie à des pratiques improductives qui s'enracineraient encore à la faveur des projets que nous connaissons.

Je me fais un plaisir de vous offrir le texte de la loi progressiste qui régit la Brasserie en Belgique, pensant qu'il ne sera peut-être pas sans intérêt pour vous d'en prendre connaissance et me tenant à votre entière disposition pour correspondre ou conférer avec vous à ce sujet.

J. BOURIGEAUD.

P. S. — MM. les brasseurs qui désireraient connaître leur rendement et celui qu'ils pourraient obtenir, n'ont qu'à m'adresser :

1° Un échantillon de 200 grammes environ de leur malt ;

2° Me dire le nombre d'hecto qu'ils obtiennent à chaque brassin, en cuve guilloire ;

3° Le degré accusé par le pèse-bière dont ils disposent ;

4° Dire s'ils emploient des sucres quelconques en chaudière, à bacs ou en cuve guilloire, et par quelle quantité ;

5° La contenance de leur chaudière ;

6° Dire s'ils ont une bâche à eau chaude.

CLARIFIANT VÉGÉTAL BOURIGEAUD

reconnu supérieur à tous les filtres.

Avec les références des plus importantes brasseries françaises et étrangères, j'ai l'avantage de vous offrir le *Clarifiant végétal Bourigeaud* remplaçant l'acide salicylique comme antiseptique, garanti indécomposable, rendant claire au brillant, toute bière en toute saison, ne communiquant à la bière ni goût, ni acidité, ni odeur de poisson, garanti sans trace d'aucun produit répréhensible par le Laboratoire municipal de Paris, contrairement aux antiseptiques et aux clarifiants inventés tous les jours, parmi lesquels on en trouve à base d'acide borique ou d'**acide fluorhydrique** ou de dérivés de l'acide benzoique, tous produits très sévèrement répréhensibles, et à juste titre, si l'on en considère les effets et si leur présence vient à être constatée dans les denrées alimentaires.

La vogue de mon clarifiant ayant donné lieu à de nombreuses contrefaçons, je crois devoir prévenir ma nombreuse clientèle que la vente du Clarifiant Bourigeaud a été refusée à plusieurs vendeurs de colle et que le Clarifiant Bourigeaud ne se trouve pas dans le commerce.

Les résultats donnés par ce produit depuis cinq ans ont été ratifiés en l'année 1889 de façon à prouver son efficacité incontestable aux brasseurs les plus incrédules et les plus scrupuleux dans l'examen des résultats.

Tous ont été forcés de reconnaître que le **Clarifiant Bourigeaud conserve admirablement les bières de garde** comme arôme, douceur, limpidité, stabilité; de plus, il empêche les bières de refermenter d'une fermentation de maladie, les empêche de filer, donne la même clarification que le filtre pour me servir de l'expression cent fois répétée des brasseurs mêmes, dont je puis citer les noms, permet de faire voyager les bières sans dangers.

Le Clarifiant Bourigeaud est le seul qui soit vendu de Confiance et aux conditions suivantes:

J'institue le brasseur seul juge.
Si mes garanties sont formelles, il m'autorisera à facturer.

S'il les trouve illusoires, il me retournera, dans les 80 jours, en port dû, la marchandise que j'aurai expédiée franco et ne me paiera pas les quantités employées.

J'engage vivement MM. les brasseurs à comparer mon clarifiant aux antiseptiques les plus nouveaux et les plus vantés, à exiger pour leur sécurité personnelle de pouvoir faire faire l'analyse de ces produits aux frais du vendeur et à demander au Laboratoire municipal de Paris si les produits reconnus sont autorisés et ne sont pas au contraire sévèrement interdits.

*Prix: **60** francs p. % kil., fûts en sus,*
valeur 90 jours.

Mes garanties sont, que le clarifiant:

1° Conserve les bières de garde,

2° **Empêche les bières de refermenter et de filer,**

3° Procure des bières brillantes,

4° Permet de faire voyager sans danger les bières,

5° Ne contient aucun produit répréhensible par le laboratoire municipal de Paris,

6° Coûte moins que toute autre colle par son mode d'emploi,

7° Conserve les bières au lieu de les épuiser,

8° Colle par le haut et par le bas, suivant son mode d'emploi,

9° Ne communique à la bière ni acidité, ni goût, ni odeur de poisson, ni matière animale susceptible de décomposer la bière, même comme la peau de raie.

Il y a plus de 3,000 brasseries françaises et étrangères qui emploient mon clarifiant exclusivement en toute saison.

Si mes garanties étaient insuffisantes, je puis donner celles que vous voudriez bien me libeller, convaincu que je suis de la valeur de mon produit, valeur qui s'affirme de jour en jour depuis cinq ans.

NOUVELLE LOI ADOPTÉE EN 1885.

CHAPITRE PREMIER.

Base de l'impôt.

Article 1ᵉʳ. L'accise sur la fabrication des bières , qu'elles soient destinées à la consommation ou à être converties en vinaigre , est perçue au choix du brasseur, d'après l'une des bases suivantes :

A. — D'après la quantité de farine déclarée ;

B. — D'après la capacité de la cuve-matière.

Art. 2. On ne peut travailler simultanément dans une même brasserie sous le régime des litt. *A* et *B* de l'article précédent.

CHAPITRE II.

Accise d'après la quantité de farine déclarée.

Art. 3. § 1ᵉʳ. Le taux de l'accise est fixé à 10 centimes par kilogramme de farine.

§ 2. Le rendement légal est fixé à 25 litres de moût , à la température de 17 1/2° centigrades , ramenés à un degré et densité , par kilogramme de farine déclaré.

Art. 4. La densité du moût est établie par degré et dixième de degré du densimètre au-dessus de 100 (densité de l'eau) , à la température de 17 1/2° centigrades , dans les conditions à déterminer par le Ministre des Finances.

Art. 5. Les déclarations concernant les versements en cuve-matière ou autres vaisseaux ne peuvent avoir lieu que pour des quantités indivisibles de 20 , 25 , 30 , 35 , 40 , 45 ou 50 kilogrammes par hectolitre de capacité.

Art. 6. § 1ᵉʳ. Les farines destinées au brassin sont disposées dans des sacs d'un poids uniforme , à proximité de la cuve-matière , ou *dans une trémie jaugée , d'un accès facile et placée au-dessus de ce vaisseau* , au moins deux heures avant l'heure déclarée pour le commencement des travaux.

§ 2. *Le Ministre des Finances pourra interdire l'usage de la trémie pour le contrôle du chargement , lorsque des abus seront constatés dans une usine.*

§ 3. A défaut d'espace suffisant dans le local où est placée la cuve-matière , un autre local peut être agréé par l'administration.

§ 4. La farine ne peut être versée dans la cuve-matière plus de trente minutes avant l'heure déclarée pour le commencement des travaux.

Art. 7. *Sont assimilés à la cuve-matière tous vaisseaux , quelle que soit leur forme , servant à une première manipulation de matières farineuses ou saccharines.*

Art. 8. Il est permis aux brasseurs de transvaser, en tout ou en partie , et à plusieurs reprises , les matières détrempées de la cuve-matière dans une chaudière , et vice versa.

Art. 9. § 1ᵉʳ. Les quantités de moût produites par chaque brassin sont réunies , avant toute mise en fermentation , dans un ou plusieurs vaisseaux , tels que cuves guilloires , cuves collectrices ou toutes autres cuves , spécialement installés pour la constatation du rendement légal. *Les chaudières peuvent être utilisées aux mêmes fins , lorsque le brasseur a déclaré y faire emploi de substances saccharines.*

§ 2. Ces vaisseaux doivent être facilement accessibles aux employés et agréés par l'administration.

LEVURE DE SÉLECTION

Fortement atténuante, donnant des bières se clarifiant vite et ayant tout l'arôme et le bouquet que l'on peut attendre de l'emploi d'une bonne levure pure et de fermentation haute.

Demander deux jours d'avance pour éviter les retards.

Prix : 2 fr. le kilog.

Je pourrais citer de nombreuses et importantes références relativement à ce produit, mais je préfère m'en tenir à la suivante de M. Windeck, brasseur à Vienne (Isère), dont la compétence en Brasserie est universellement connue, notamment depuis la remarquable publication de l'Agenda du brasseur et malteur, faite en collaboration de MM. L. Marx et Ch. Oppermann.

Vienne, le 12 avril 1890.

Monsieur Julien BOURIGEAUD, Chimiste,

à St-Maurice lez-Lille (Nord).

Je suis heureux de pouvoir vous dire que je suis très satisfait de votre levain pur de fermentation haute. Cette levure, fermentée en cuve à une basse température, c'est-à-dire à 8° Réaumur, m'a donné en cuve une parfaite et brillante clarification, un dépôt rapide dans le verre d'épreuve et une atténuation bien normale de 58 à 60 % de la concentration du moût à l'entonnement. La bière a été mise en foudres de repos d'où elle sera expédiée lors de son atténuation maxima pour sa longue conservation en bouteilles. L'odeur pendant la fermentation a été franche et saine, d'un bon arôme. D'ailleurs, lors de l'expédition de la bière, j'en tiendrai à votre disposition un ou deux échantillons que je vous ferai parvenir franco à votre domicile.

Je n'ai qu'un regret, c'est que votre levure pure ne soit pas plus répandue dans notre région où elle donnerait, je crois, d'excellents résultats. Veuillez croire que je me ferai votre propagateur et que je deviendrai un de vos clients sérieux si vous pouvez toujours me livrer une levure semblable.

Je serais désireux, si cela ne vous gênait en rien, de connaître votre méthode de purification de sélection : est-ce la méthode Hansen ou autre? Je n'ai jamais pu réussir avec la première. Quelques-uns de mes amis qui s'occupent de la purification avec moi n'ont pas été plus heureux.

Qu'est-ce que votre clarifiant végétal? Peut-on l'employer pour la fermentation basse et à quel moment, en foudre de repos, en petits fûts? Conserve-t-il réellement la bière? Celle que j'ai en cave de garde supporte largement un transport de trois semaines et même quatre semaines avec son brillant et son arôme. En employant votre clarifiant puis-je lui assurer une durée plus longue de clarification et de conservation? Envoyez-nous une petite quantité pour essai, si oui. Veuillez, je vous prie, me répondre à ce sujet.

En attendant...... etc.

Signé : E. WINDECK fils.

§ 3. Ils sont jaugés comme les cuves-matières et munis d'échelles métriques ou de bâtons de jauge conformes au modèle officiel et qui doivent être maintenus par le brasseur en bon état de conservation.

§ 4. Tous les tuyaux existant entre le local où sont établis les vaisseaux mentionnés au paragraphe 1er du présent article et aune utre partie de la brasserie doivent être compris dans la déclaration prescrite par l'article 5 du 2 août 1822, à moins qu'ils ne soient placés en évidence sur tout le parcours.

ART. 10. § 1er. Les moûts recueillis comme il est dit à l'article 9 restent, pendant une ou deux périodes d'une heure, à la disposition des agents de la surveillance.

§ 2. Une troisième période d'une heure pourra être autorisée par l'administration si l'utilité en est reconnue.

§ 3. Deux heures au moins avant le commencement de ces périodes, le brasseur pourra les retarder de *deux heures* par une inscription faite à l'encre au verso de l'ampliation de la déclaration de travail.

§ 4. Les employés constatent pendant les périodes mentionnées aux paragraphes précédents la densité et le volume des moûts chaque fois qu'ils le jugent convenable.

§ 5. Il est interdit de confondre, avant l'expiration de ces périodes, les produits du brassin auquel elles se rapportent avec les produits d'un autre brassin. Le Ministre des Finances peut accorder relativement à l'exécution de cette disposition, les facilités que le mode de fabrication de certaines bières rendrait nécessaires.

ART. 11. Les brasseurs sont obligés de tenir constamment à la disposition des employés : une balance ou une bascule, des poids, des mesures, des bâtons de jauge et de la lumière, ainsi que de donner à ces agents les facilités nécessaires pour leur permettre de se rendre compte des matières imposables employées au brassin et de la densité des liquides qui en forment le produit.

ART. 12. *Tout excédent de plus de deux litres et demi sur le rendement légal tel qu'il est fixé par le second paragraphe de l'article 3, est puni d'une amende de cinquante centimes par litre, indépendamment du payement des droits sur la totalité de l'excédent, sans que l'amende puisse être inférieure à 1,000 francs.*

ART. 13, § 1er. Toute soustraction de moût au payement de l'impôt est punie d'une amende de 25 francs par hectolitre de capacité des cuves-matières et chaudières mentionnées dans la déclaration de travail.

§ 2. Tout moyen employé pour entraver ou fausser le contrôle des moûts est puni conformément au paragraphe précédent.

§ 3. Il en est de même de l'existence de moût avant l'expiration des périodes mentionnées à l'article 10, partout ailleurs que dans les vaisseaux repris à la déclaration de profession.

§ 4. Est punie de la même peine l'existence de tuyaux clandestins ainsi que celle des vaisseaux non déclarés et portant des traces d'un usage illicite.

§ 5. En cas de découverte d'un tuyau clandestin, les employés peuvent rechercher, même dans une maison voisine, le vaisseau auquel il aboutit.

§ 6. Si cette recherche n'amène aucun résultat, les dégâts qu'elle aurait éventuellement occasionnés sont réparés aux frais du Trésor.

ART. 14. Si, pour l'un ou pour l'autre des faits indiqués aux deux articles précédents, un brasseur est constitué plusieurs fois en contravention pendant une période de trois ans, l'amende est double pour la première récidive et triple pour la deuxième et les suivantes.

CHAPITRE III.

Accise d'après la capacité de la cuve-matière

ART. 15. § 1er. Le taux de l'accise est fixé à 4 francs par hectolitre de capacité de la cuve-matière.   **

MICROSCOPE PERFECTIONNÉ

SPÉCIAL POUR BRASSEURS

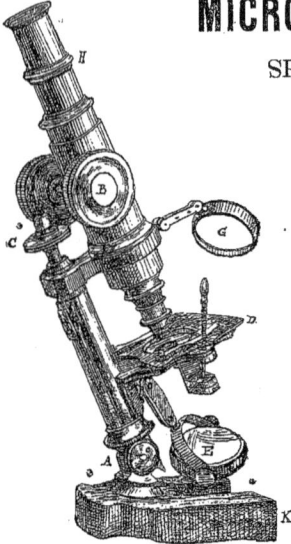

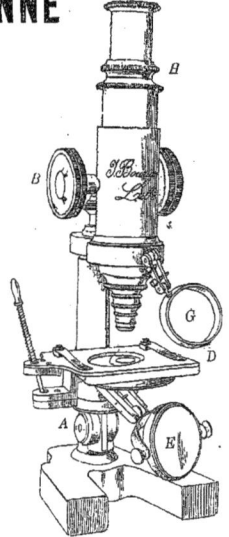

LÉGENDE :

A — Microscope monté à colonne sur charnières permettant l'inclinaison.

B — crémaillère à deux boutons.

C — vis micrométrique pour préciser la mise au point.

D — platine mobile dans tous les sens et munie de valets servant à regarder l'objet dans toutes ses parties.

E — 1 miroir plan et 1 miroir concave pour l'éclairage des objets transparents.

G — loupe à lumière pour l'éclairage des objets opaques.
Grossissement de 700 à 1500 fois.

H — tube de rallonge servant à augmenter le grossissement.
2 jeux d'oculaires.
2 systèmes d'objectif monté sur pied en fonte *K*, forme fer à cheval, aiguille, brucelle, scalpel, lames en verre préparation. Le tout renfermé dans une boîte acajou et à l'extérieur fermant à clef.

Des préparations des divers ferments sont données avec le microscope afin d'exercer l'œil à distinguer ces ferments les uns des autres.

L'art du brasseur se résume aujourd'hui dans la connaissance des ferments.

Éviter le contact des ferments de maladie avec le moût et préparer le moût de telle façon qu'il soit impropre au développement des ferments de maladie, tel est le secret pour obtenir une bière brillante et stable.

Nous n'en sommes plus au temps où on comptait sur la stabilité d'une bière pour la raison qu'elle provenait de tels grains ou de tels houblons.

Des constatations bien interprétées et réelles, à certaines époques, donnèrent naissance à des croyances que le jeu naturel des circonstances et le nouvel essor de l'agriculture ont converties en préjugés.

Aujourd'hui, le brasseur est forcé d'adopter une méthode de travail en rapport avec les matières qu'il emploie. De rares retardataires seuls n'ont pas compris l'utilité des analyses pour la connaissance de leurs matières premières et le contrôle de leurs résultats industriels.

On croit plus aujourd'hui et avec raison à l'utilité d'une levure pure qu'à telle ou telle provenance de grains pour obtenir de bons résultats.

On sait en un mot que la bière se tiendra, comme l'on dit, si elle n'est pas envahie par des ferments de maladie et qu'elle ne se tiendra pas dans le cas contraire, si bonnes que soient les matières premières.

De là l'indispensabilité d'un microscope qui permette d'examiner la levure comme on examinerait un blé de semence, microscope qui permette de prédire avec certitude la stabilité ou l'instabilité d'une bière, les dangers de mélange de deux bières, l'état absolument sain de telle ou telle marchandise, etc., etc.

Pour cela il faut un microscope pratique et maniable par tous les brasseurs, microscope qui soit en même temps sérieux et adopté par exemple comme instrument de travail par des savants tels que ceux dont se compose la Faculté des Sciences de Lille et la Station agronomique de l'État, microscope enfin que ne peuvent atteindre les critiques intéressées, sans écho et sans valeur, amenées régulièrement par le succès.

Mais pour avoir un microscope il faut savoir s'en servir, il faut savoir le mettre au point et distinguer entre eux les divers organismes, lesquels diffèrent tant morphologiquement, c'est-à-dire par leur forme, de la bonne levure. C'est pourquoi j'ai fait des cultures pures des divers ferments et des diverses moisissures.

J'ai alors fait des préparations de chacun de ces organismes avec la désignation sur le côté.

De cette façon il suffit de savoir mettre le microscope au point pour apprendre à connaître chaque ferment, chaque moisissure.

Ceci fait, en plaçant sous le microscope une levure, une préparation, une bière quelconque on distinguera aisément les mélanges d'organismes de maladie absolument comme un œil exercé distingue facilement dans un échantillon d'orge un grain d'avoine, un grain de dari, de blé, etc.

Je crois par cette combinaison avoir rendu un nouveau service à la brasserie et je suis à la disposition de MM. les brasseurs pour tous renseignements complémentaires et pour toute comparaison, en ma présence, de mon microscope avec les appareils quelconques d'un prix supérieur destinés à être employés en brasserie.

MICROSCOPE

nickelé, composé, servant à examiner les levures avant leur emploi et à découvrir les causes des troubles dans la fabrication de la bière.

Prix : 175 francs

sans majoration pour leçon à domicile de maniement de l'appareil.

§ 2. Ce droit est augmenté d'un tiers lorsque les brasseurs déclarent employer de la farine dans une chaudière.

ART. 16. Les numéros 1 à 5 de l'article 16 de la loi du 2 août 1822 sont remplacés par les dispositions suivantes :

1° La farine ou mouture doit être travaillée dans une chaudière dont la contenance ne peut dépasser de plus d'un dixième celle de la cuve-matière et dans laquelle il n'existe ni double enveloppe, ni réchauffeur, ni extracteur, ni faux-fond ;

2° Le travail doit s'effectuer avec les métiers provenant de la cuve-matière ;

3° Le numéro et la contenance de la chaudière ainsi que la durée du travail doivent être déclarés comme pour la cuve-matière.

ART. 17. Il ne peut exister dans les chaudières autres que celle déclarée conformément à l'article précédent, ainsi que dans les réverdoirs ou vaisseaux de réserve, de métiers accusant, après un repos de 24 heures dans une éprouvette graduée, un dépôt épais représentant un volume supérieur à 4 % de la capacité de la cuve-matière.

CHAPITRE IV.

Dispositions générales.

ART. 18. Si le montant des droits sur les bières et vinaigres fabriqués pendant la première ou la seconde année de la mise en vigueur de la présente loi , déduction faite des quantités exportées avec décharge de l'accise, atteint 15 , 16 , 17 ou 18 millions , l'impôt *fixé par les articles 3 et 15* sera respectivement réduit de 5, 10, 15 ou 20 %.

ART. 19. Le gouvernement constatera par arrêté royal, au plus tard le 21 janvier 1887 et 1888, le montant des droits dont il s'agit à l'article précédent. Il fixera, le cas échéant, par le même arrêté, l'époque à partir de laquelle l'impôt modifié sera applicable.

ART. 20. Le gouvernement peut, aux conditions qu'il détermine , accorder l'exemption totale ou partielle de l'impôt sur la fabrication des bières au moyen de substances saccharines soumises à l'accise.

ART. 2. § 1er Le versement et le mouillage de la farine dans la cuve-matière peuvent s'effectuer simultanément, pour autant que ces opérations soient terminées dans les délais ci-après, qui courent à partir de l'heure déclarée pour le commencement du travail dans ladite cuve.

25 minutes pour une cuve-matière de 30 hectolitres au moins :

35 minutes pour une cuve-matière de plus de 30 à 45 hectolitres ;

45 minutes pour une cuve-matière de plus de 45 hectolitres.

§ 2. L'existence *non justifiée* de farine ou de toute autre matière propre à faire de la bière, dans le local où se trouve la cuve-matière, dans celui où est placée la trémie et éventuellement dans le local qui aurait été agréé conformément à l'article 6 , § 3 , est interdite :

A. — Passé le délai mentionné au paragraphe 1er ci-dessus, dans les brasseries où l'on use de la faculté accordée par ledit paragraphe ;

B. — A partir du moment où l'on commence le mouillage de la farine dans toutes les brasseries.

§ 3. Pareille défense est faite en ce qui concerne le local où se trouve la chaudière déclarée conformément à l'article 16, aussitôt que des métiers sont introduits dans un vaisseau autre que ladite chaudière et le réverdoir.

ART. 22. § 1er. Par modification à l'article 13 de la loi du 2 août 1822, la déclaration de travail doit être faite au plus tard entre neuf heures avant midi et trois heures après-midi l'avant veille du jour fixé pour le commencement des travaux dans la cuve-matière, si la

SACCHARUM

Julien BOURIGEAUD

Lille, Saint-Maurice.

Le saccharum (marque ci-contre déposée), est le sirop de canne à sucre réellement pur. Ce succédané ne doit pas être confondu avec les mélasses offertes communément en brasserie, tant au point de vue technique qu'au point de vue commercial.

Le saccharum, marque ci-dessus, est garanti contenant à l'analyse 70/75 p. % de sucre de canne et coûte 45 francs p. % k^{os}.

Les glucoses de bonne qualité ne contiennent que 60 p. % d'amidon de maïs ou de fécule saccharifiés par l'acide sulfurique et coûtent droits acquittés environ 47 francs p. % k^{os}.

Je ne parle pas du non sucre.

Or que devraient coûter ces 60 k^{os} de sucre de maïs ou de fécule produits par l'acide sulfurique pour être au prix du sucre de canne ?

Si 72 k^{os} sucre de canne représentés par 100 k^{os} saccharum coûtent 45 fr., 60 k^{os} sucre de canne devraient coûter $\dfrac{45 \times 60}{72} = 37$ fr. 50.

Le glucose droits acquittés pour être au même prix que le saccharum, devrait coûter 37,50, alors qu'il vaut environ 47 fr. ce qui fait une perte de 9 fr. 50 par chaque centaine de k^{os} de glucose employé.

Mais le glucose fût-il même meilleur marché que le saccharum, il y aurait lieu de lui préférer ce dernier, car le saccharum a sur le glucose les avantages suivants :

1° Il ne contient pas trace d'acide.

2° Il ne contient pas de dextrine qui est un des milieux favoris du ferment lactique.

3° Il est libre de toute surveillance fiscale.

4° Il ne donne pas après la fermentation de goûts empyreumatiques divers et notamment d'huile essentielle de pomme de terre.

5° Du glucose d'aspect magnifique, peut contenir des ferments propres à déterminer l'altération d'un brassin. En effet ce glucose est évaporé à 45° dans le vide pour conserver sa blancheur ; à cette température les ferments de maladie ne sont pas détruits et même ils se développent, mais ils ne peuvent exercer leurs ravages quand le sirop s'épaissit.

Vient-on à dissoudre ces glucoses, soit dans l'eau soit dans la bière, la fermentation de maladie ne tardera pas à se déclarer.

Or, rien de semblable n'est à redouter avec le saccharum en raison des procédés différents de préparation de ce produit.

M. Pasteur dit : L'eau sucrée est un milieu très épuisant pour les levures et les organismes qui y sont mélangés, une foule de cellules y périssent, et il y a beaucoup de chance pour que les germes étrangers, toujours rares relativement au grand nombre de cellules de levures, se trouvent parmi les individus qui meurent.

Le mode d'emploi spécial rationnel et bien détaillé qui accompagne l'envoi du saccharum, est une application heureuse de ce mode d'élimination des organismes de maladie qui infectent la levure et détériorent la bière.

Le saccharum donne de plus à la bière un alcool très fin et non empyreumatique et une dose d'acide carbonique, qui concourt à favoriser le rejet de la levure et à faciliter la clarification, et enfin à donner du pétillant et du moelleux.

Le saccharum ne peut être comparé au candi de canne, car ce dernier est beaucoup plus coûteux.

En effet le candi de canne vaut 120 fr. et contient 100 pour 100 de sucre, or, 72 k^{os} de sucre de canne contenus dans 100 k^{os} de saccharum devraient coûter 86,40.

Dans l'attente d'être favorisé de vos ordres qui seront remplis de la façon la plus scrupuleuse, vous présente M   , mes salutations bien sincères.

J. BOURIGEAUD.

Le prix du saccharum garanti à l'analyse d'une teneur de 70/75 % de sucre de canne pur et ne contenant aucune trace d'acidité ni de dextrine, est

45 fr. les 100 k^{os} franco Nord.

Valeur : net 90 jours ou 2 % 30 jours.

Pour engager à faire l'essai de cette marque, je livrerai des 1/2 fûts de 1 à 2 hectolitres avec une majoration de 1 fr. aux 100 k^{os}.

brasserie est située dans une commune qui n'est pas le chef-lieu d'une section et la résidence du receveur des accises.

§ 2. La déclaration de travail doit être complétée par les indications suivantes :

15° Si le brasseur entend ou non payer l'accise d'après la quantité de farine déclarée et, dans l'affirmative, quelle est (en poids) cette quantité ;

16° S'il usera ou non de la faculté d'effectuer simultanément le versement et le mouillage de la farine dans la cuve-matière ;

17° Si les matières seront ou non transvasées de la cuve-matière dans une chaudière et vice-versa et dans ce cas le numéro et la contenance de cette chaudière ;

18° La période ou les périodes de temps dont parle l'article 10, avec indication des vaisseaux qui seront employés pour la réunion des moûts à vérifier.

§ 3. Le temps fixé par le tarif annexé à la loi du 2 août 1822, en ce qui concerne la durée du travail dans la cuve-matière pour un brassin de bière brune, est applicable à la fabrication des bières jaunes et blanches.

ART. 23. § 1ᵉʳ. Le premier alinéa de l'article 17 de la loi du 2 août 1822 est remplacé par la disposition suivante :

Les brasseurs qui seront convaincus d'avoir fait usage de cuves-matières ou de chaudières autres que les ustensiles qu'ils ont compris dans la déclaration de travail seront punis d'une amende de 1,000 fr., outre le payement des droits fraudés.

§ 2. L'amende pour toute contravention prévue par les 2ᵉ et 3ᵉ alinéas du même article est portée à 5,000 fr.

ART. 24. Les brasseurs sont tenus de laisser à la disposition des agents de l'Administration, au moins jusqu'à l'heure déclarée pour la fin de l'entonnement des bières, les ampliations des déclarations de travail. Ils doivent également conserver dans leur usine un livret sur lequel les employés annotent la situation des travaux.

ART. 25. En cas de contestation, soit sur l'existence illégale de matières dans un vaisseau non déclaré à cet usage ou dans l'usine ou ses dépendances, soit sur la nature et la richesse des moûts, les brasseurs doivent, à la demande des employés, leur fournir deux bouteilles d'échantillons d'un demi-litre au moins de chacune des substances en litige.

ART. 26. La décharge de l'accise sur les bières et vinaigres exportés ou déposés en entrepôt public, dont parlent les articles 56 et 59 de la loi du 2 août 1822, reste fixée à fr. 2,50 par hectolitre.

ART. 27. Les contraventions à la présente loi, non spécialement prévues par les dispositions qui précèdent, sont punies d'une amende de 1,000 fr., indépendamment du payement des droits fraudés.

ART. 28. Les articles 1ᵉʳ et 19 de la loi du 2 août 1822 sont abrogés.

ART. 29. L'article 13 de la loi du 18 juillet 1860 est applicable à la perception de l'accise sur les bières et vinaigres.

ART. 30. Pour faciliter l'introduction du mode de prise en charge institué par le § A de l'article 1ᵉʳ, les brasseurs seront autorisés, s'ils en font la demande, à effectuer, en présence des employés, trois brassins d'essai pour lesquels ils ne seront tenus de payer l'accise que d'après le rendement constaté à l'achèvement des travaux.

ART. 31. La loi du 2 août 1822 sera *coordonnée* avec les modifications résultant des lois subséquentes.

ART. 32. La présente loi sera obligatoire à partir du 1ᵉʳ janvier 1886.

***

TANNIN DE HOUBLON

Breveté S. G. D. G. en France et en Belgique.

Obtenu par le Système BOURIGEAUD

Concédé à la Maison MOREAU & Cie

Manufacturiers en produits chimiques

A SAINT-ANDRÉ-LEZ-LILLE

———————

M. Pasteur a établi qu'un milieu quelconque, de l'eau, par exemple, à laquelle on ajoute des matières minérales et azotées, devient un milieu *fécond*, *propre à la multiplication des ferments.*

Si donc on sépare les matières azotées que contient la bière, on aura rendu celle-ci *stérile*, *impropre à la multiplication des ferments.*

Le maltage et le brassage rationnels, un choix judicieux de grains concourent à procurer cette élimination des matières azotées, mais on emploie surtout dans ce but le houblon.

Le tannin que contient le houblon ayant la propriété de coaguler les matières albuminoïdes, on dit avec raison que le houblon par son tannin conserve la bière. En effet, il tend à la rendre stérile pour les végétations de mauvaises levures, car il fait disparaître de la bière une partie des matières azotées en excès qui alimentent les fermentations de maladie après la fermen-

Emploi de substances saccharines.

Art. 1er. L'exemption d'impôt dont parle l'art. 20 de la loi du 20 août 1885 est réglementée par les articles 2 et 6 ci-après.

Art. 2. Les brasseurs, qui désirent ajouter aux moûts de leurs brassins des sucres cristallisés, des sirops de sucres cristallisables, des glucoses, des maltoses ou d'autres substances saccharines analogues, doivent renseigner dans leur déclaration de travail :

a. La quantité en poids et l'espèce de substances saccharines qu'ils utiliseront ;

b. La dénomination, le numéro et la contenance des vaisseaux dans lesquels ces matières seront ajoutées ;

c. La date et l'heure auxquelles le versement des substances saccharines aura lieu dans lesdits vaisseaux.

Art. 3. Le minimum des quantités de substances saccharines que les brasseurs peuvent employer est fixé, par hectolitre de contenance des vaisseaux dans lesquels ces substances sont ajoutées, savoir :

Pour les sucres cristallisés à 2 kilogrammes.

Et pour les autres matières à 5 kilogrammes.

Art. 4. § 1er. Les substances saccharines ne peuvent être ajoutées aux moûts en exemption de l'impôt sur la fabrication des bières que dans les vaisseaux suivants :

a. Les chaudières à cuire les moûts et les bières ;

b. Les cuves guilloires ou un autre vaisseau spécialement destiné à cet usage.

§ 2. Deux heures au moins avant d'être employées, ces substances sont déposées à proximité de ces vaisseaux, afin que les agents de l'Administration puisse en vérifier la nature et le poids.

§ 3. Le brasseur doit tenir à cet effet à la disposition des agents une balance ou une bascule, ainsi que des poids, et donner toutes facilités pour opérer les constatations nécessaires.

§ 4. Quinze minutes après l'heure déclarée pour l'addition aux moûts des substances saccharines dans les vaisseaux destinés à cet usage, il ne peut plus exiger de ces substances dans les locaux où se trouvent les cuves et les chaudières.

Art. 5. Le versement des substances saccharines dans les vaisseaux désignées au § 1er de l'art. 4 ne pourra avoir lieu qu'après l'heure déclarée pour la fin des travaux de trempe, et, éventuellement, après l'expiration de la période ou des périodes de temps, déclarées conformément au § 2 de l'art. 32 de la loi du 20 août 1885, en observant, pour la constatation du rendement, si le brasseur travaille sous le régime du chapitre II de la loi du 20 août 1885, les dispositions des art. 7, § 2, 8, 9 et 10 ci-après.

Art. 6. § 1er. S'il est constaté qu'un brasseur, qui a déclaré vouloir faire usage de substances saccharines, ne donne pas ou n'a pas donné suite sous ce rapport à sa déclaration, ou simule l'emploi régulier desdites substances en ne versant pas par hectolitre de contenance des vaisseaux déclarés le minimum (en poids) prévu par l'art. 3, il ne sera plus admis à déclarer le versement de ces substances dans ses moûts, en exemption de droits.

§ 2. La constatation dont il s'agit au paragraphe précédent est relatée dans un procès-verbal d'ordre, qui est transmis d'urgence au receveur du ressort.

Accise d'après la quantité de farine déclarée.

Art. 7. § 1er. Le brasseur est tenu de régler les périodes dont parle l'art. 10 de la loi du 20 août 1885, de manière que la constatation du rendement pour tout le brassin puisse

tation principale. Pour arriver au desideratum il faudrait ajouter beaucoup de houblon, mais les principes amers qui se trouvent dans le houblon se dissolvent en même temps que le tannin. Il en résulte que l'amertume cache le moelleux, l'arôme et le cachet de la bière.

J'ai cherché depuis longtemps et suis parvenu à séparer la résine amère et l'acide valérianique des composés qui l'accompagnent fréquemment.

Le tannin que j'extrais du houblon possède un coefficient de pureté de 97 % d'acide tannique et contient 5 % d'huile essentielle.

Il est dépourvu de tous goûts anormaux et âcres.

Il résulte de l'emploi du tannin de houblon que les bières sont plus stables, meilleures, plus claires et que ces résultats sont obtenus avec moins de houblon ; d'où il résulte que l'arôme et le cachet des bières ressortent mieux.

On peut encore, sans modifier les doses de houblon et en ajoutant du tannin de houblon, conserver dans les bières l'harmonie qui existe entre le goût amer du houblon et le moelleux donné par le grain, et on obtient alors une séparation plus grande des matières azotées en excès sans changer le goût. Il en résulte de grands avantages comme stabilité et clarté, et cela moyennant une dépense supplémentaire de 10 grammes par hectolitre. Le tannin coûtant 10 fr. le kilog cela fait 0 fr. 10 par hectolitre.

Ces 10 grammes contiennent presque autant de tannin que 500 grammes de bons houblons.

Voici en effet les analyses de quelques houblons de la récolte 1889, analyses qui ont préludé à la fabrication du tannin de houblon :

Houblons des R. P. Trappistes de l'Abbaye de Scurmont à Forges-lez-Chimay.

Tannin	2,60
Résine et huile	17,60

se faire dans le plus court délai possible, et dans les mêmes conditions. Toutefois, lorsque la première période aura été déclarée pour la constatation de moûts froids, la seconde pourra être déclarée pour la constatation de moûts chauds, afin d'accélérer l'opération.

§ 2. Le commencement desdites périodes ne pourra, dans aucun cas, précéder l'heure déclarée pour la fin des travaux de trempe.

Art. 9. Lorsque le rendement du brassin est constaté avant le refroidissement des moûts, — soit que la réunion de ces derniers se fasse au sortir des chaudières, soit que, en cas d'emploi de substances saccharines, la constatation du rendement ait lieu dans les chaudières mêmes, ainsi que cela est prévu par l'art. 9, § 1er *in fine*, de la loi du 20 août 1885,— les moûts d'épreuve prélevés par les employés pour servir à la constatation de la densité doivent être ramenés à la température de 17 1/2 degrés centigrades.

A cet effet le brasseur doit fournir un appareil de refroidissement, agréé par l'Administration, et propre à baisser la température du moût d'épreuve jusqu'à 17 1/2 degrés centigrades, en dix minutes au plus.

Toutefois les employés pourront, si le brasseur y consent, constater la densité des moûts d'épreuve dont la température sera comprise entre 11 et 29 degrés centigrades, sauf à faire la correction de la densité à la température normale de 17 1/2° centigrades d'après les indications du tableau suivant:

Lorsque la température des moûts est supérieure à 17 1/2° centigrades.		Lorsque la température des moûts est inférieure à 17 1/2° centigrades.		OBSERVATIONS.
Degré de température.	La densité doit être augmentée de	Degré de température.	La densité doit être diminuée de	
18	0.01	17	0.01	Lorsque le véritable point d'enfoncement du densimètre se trouve entre deux divisions d'un dixième de degré, on le lit aussi exactement que possible en comptant les fractions d'un dixième de degré. Le point d'enfoncement ainsi constaté est alors augmenté ou diminué des chiffres mentionnés ci-contre. On néglige ensuite les fractions au-dessous d'un dixième de degré pour le chiffre que l'on obtient par la susdite opération.
19	0.03	16	0.03	
20	0.05	15	0.04	
21	0.07	14	0.06	
22	0.09	13	0.07	
23	0.11	12	0.08	
24	0.14	11	0.09	
25	0.16			
26	0.19			
27	0.22			Si le moût est à une température supérieure ou inférieure aux degrés mentionnes ci-contre, on le ramène entre 29° et 11° centigrades en le refroidissant ou en le chauffant.
28	0.24			
29	0.27			

Art. 9, § 1er. Dans les cas prévus par l'art. 8, c'est-à-dire quand le rendement est constaté avant le refroidissement des moûts, et, en général, lorsque ceux-ci ont, au moment de cette constatation, une température supérieure à 29° centigrades, il sera accordé, sur le volume des moûts, une réduction variant d'après la température qui sera constatée lors de la détermination de ce volume.

§ 2. Cette réduction aura lieu dans les proportions suivantes:

30 à 40° centigrades exclusivement	....	0.005
40 à 50° —	—	0.009
50 à 60° —	—	0.013
60 à 70° —	—	0.018
70 à 80° —	—	0.024
80 à 90° —	—	0.031
90 à 100° —	—	0.039

Art. 10. Il ne sera accordé, lors de la constatation du rendement, aucune déduction du chef du volume que le houblon pourrait occuper dans les moûts.

Houblon d'Alost de M. François Moyersem à Alost.

Tannin 2,60
Résine et huile........................ 21, »

Houblon d'Alost. — Marque de la Ville.

Tannin 2,30
Résine et huile .... 20, »

Houblons des R. P. Trappistes de l'Abbaye du Mont des Cats à Godewarsvelde.

Tannin .... 2, »
Résine et huile 12,60

De M. E. Bing. — Syndicat des Houblons de Bourgogne.

N° 1 ......
{ Tannin .... 3, »
{ Résine et huile................. 14, »

N° 2 ......
{ Tannin 2,10
{ Résine et huile................. 15, »

N° 3 ......
{ Tannin 2,30
{ Résine et huile................. 20, »

De M. Harduin à Busigny.

Poperinghe . ...
{ Tannin........................ 2, »
{ Résine et huile................. 14,20

Busigny ....
{ Tannin 1,80
{ Résine et huile................. 13,20

Bourgogne très aromatique...
{ Tannin........................ 1,60
{ Résine et huile................. 16, »

Art. 11, § 1er. Les brasseurs sont tenus d'inscrire pour chaque brassin, dans un registre fourni par l'Administration, savoir :

1° L'heure de la fin réelle du déchargement des derniers moûts de la cuve-matière ou d'autres vaisseaux ayant servi à des travaux de trempe ;

2° Le volume total des moûts produits avec indication des numéros et de l'espèce des vaisseaux dans lesquels ils se trouvent.

§ 2. Cette inscription devra en tout cas être effectuée avant l'expiration de l'heure qui suit celle renseignée dans la déclaration de travail pour la fin des travaux de trempe.

§ 3. Le brasseur qui désire conserver des moûts faibles — c'est-à-dire inférieurs à 2 degrés de densité à la température de 17 1/2 degrés centigrades — provenant des dernières trempes d'un brassin pour servir aux travaux du brassin suivant, doit en faire mention, sous le n° 17, dans sa déclaration de travail, de la manière ci-après :

« 17° Qu'il mettra des moûts faibles en réserve pour servir au brassin suivant. »

Il indique dans le registre dont parle le § 1er, la date et l'heure de la mise en réserve de ces moûts et de leur emploi ultérieur, leur volume et leur densité à la température de 17 1/2 degrés centigrades, ainsi que la désignation des vaisseaux dans lesquels ils sont conservés.

Les moûts faibles ainsi réservés ne doivent pas être compris dans la constatation du produit du brassin dont ils proviennent.

Tout enlèvement partiel ou total de ces moûts avant l'heure indiquée pour leur emploi au brassin suivant, ou tout détournement desdits moûts de cette destination, entraîne l'application de l'amende commuée par le § 1er de l'art. 13 de la loi du 20 août 1885.

Les ampliations des déclarations de travail resteront jointes au registre jusqu'au moment de la mise en usage des moûts faibles de réserve.

§ 4. Les inscriptions dudit registre doivent être faites lisiblement, sans ratures ni surcharges et conformément à l'instruction placée en tête du modèle arrêté par l'Administration. Ce registre est représenté à toute réquisition des employés et remis à ceux-ci, contre reçu, dès qu'il est rempli.

Art. 12, § 1er. Les pompes, monte-jus, tuyaux ou nochères servant à conduire les métiers, moûts ou bières d'un vaisseau dans un autre, doivent être en évidence et disposés de manière à pouvoir être facilement surveillés, à l'exception toutefois de ceux aboutissant aux vaisseaux de réunion, pourvu qu'ils soient renseignés dans la déclaration de possession, conformément au § 4 de l'art. 9 de la loi du 20 août 1885.

Art. 13, § 1er. Les chaudières servant à la cuisson des moûts doivent être munies d'un niveau d'eau en verre répondant aux conditions de l'appareil dont le modèle sera arrêté par le Ministre des Finances et permettant de constater le volume des moûts ou autres liquides contenus dans les vaisseaux.

§ 2. L'échelle de graduation de ce niveau d'eau doit être établie par demi-centimètres. Le procès-verbal de jaugeage renseigne celles de ces divisions qui, d'après le jaugeage par empotement, correspondent à des contenances de cinq ou de dix hectolitres, selon que la chaudière sert ou non de vaisseau-collecteur.

§ 3. Les dispositions du § 2 s'appliquent également aux bâtons de jauge servant à mesurer le volume des liquides dans les vaisseaux-collecteurs autres que les chaudières. L'endroit où ces bâtons ont été placés lors du jaugeage par empotement sera marqué sur le bord des vaisseaux. Mention en sera faite sur le procès-verbal de jaugeage ainsi que de la distance du bord à laquelle les bâtons doivent être plongés pour éviter la courbure des parois existant éventuellement au bas des vaisseaux.

§ 4. Un niveau d'eau conforme à celui qui est mentionné au § 1er pourra remplacer le bâton de jauge destiné à constater le volume des moûts dans les vaisseaux-collecteurs.

De M. Justin Vanlay-Seele, à Poperinghe.

Tannin................................ 1,90

Résine et huile............ 12,60

Toutes ces analyses portent le cachet ci-contre et ont été contrôlées par M. Dubernard, Directeur de la Station agronomique du Nord.

Les effets du tannin de houblon sont à apprécier, car si la première condition du succès consiste à écarter les ferments de maladie, il n'en faut pas moins redouter la composition de la bière favorable au développement de ces ferments.

En effet, tant que les moûts seront oxygénés à l'air impur, les ensemencements morbides pas les poussières atmosphériques seront inévitables. On est donc forcé de recourir à cette autre mesure qui consiste à stériliser le terrain. On aura alors une double chance de succès si, écartant le plus possible les ferments de maladie, on a fait du moût un milieu réfractaire à leur développement.

J'offre gratuitement et franco le mode d'emploi et la quantité de tannin de houblon nécessaire pour un brassin. MM. les brasseurs pourront ainsi apprécier le bien fondé de mes assertions.

J. BOURIGEAUD.

§ 5. Lorsque, d'après le bâton de jauge ou le niveau d'eau, le volume des moûts à constater ne correspondra pas rigoureusement aux divisions dont parle le § 2 , il sera évalué le plus exactement possible par les divisions intermédiaires.

Dispositions communes aux deux modes de prise en charge.

Art. 14, § 1er. Les brasseurs doivent, dans les dix jours qui suivent la signification du procès-verbal de jaugeage, indiquer, en caractères apparents et peints à l'huile, sur les vaisseaux compris dans ledit procès-verbal , la destination, le numéro et la capacité de chacun d'eux.

§ 2. Toutes les chaudières, même celles destinées au chauffage de l'eau , seront établies de manière que les agents de l'Administration y aient un accès facile et puissent, en tout temps, sans aucune entrave, y prendre des échantillons soit par un robinet de décharge, soit de toute autre manière.

§ 3. A la demande des employés, le brasseur est tenu, après avoir, le cas échéant, arrêté la marche de l'agitateur, de faire remuer convenablement les liquides avant la prise d'échantillons, afin d'obtenir un mélange homogène.

Art. 15, § 1er. Les brasseurs doivent placer dans leur usine , à un endroit facilement accessible et convenablement éclairé, un pupitre avec boîte à l'usage exclusif des agents chargés de la surveillance.

§ 2. Ce pupitre sera d'une élévation telle que les employés puissent y tenir facilement leurs écritures ; il sera assez grand pour pouvoir contenir le livret mentionné à l'art. 24 de la loi du 20 août 1885 et éventuellement au registre prescrit par l'art. 11 du présent arrêté, les instruments (densimètres et thermomètre), les éprouvettes et le verre gradué.

Lorsque ces objets seront déposés dans le pupitre, les brasseurs devront veiller à leur bonne conservation. Il ne pourront, en aucun cas, altérer les inscriptions faites au livret et au registre mentionnés ci-dessus.

§ 3. Deux chaises devront en outre être mises à la disposition des employés.

§ 4. Les ampliations des déclarations de travail seront conservées dans le pupitre dont parle le § 1er, pendant tout le temps fixé par l'article 24 déjà cité de la loi du 20 août 1885.

Art. 16. Les contraventions aux dispositions des articles 1 à 6, prises en exécution de l'art 28 de la loi du 20 août 1885 et les contraventions aux mesures arrêtées en vertu de l'art. 29 de la même loi sont respectivement punies de l'amende de 1,000 francs conformément à l'art. 27 de ladite loi, ou de l'amende de 800 fr. fixée par le 3e alinéa de l'art. 10 de la loi du 9 juin 1853.

Art. 17. Notre Ministre des Finances est chargé de l'exécution du présent arrêté qui sera obligatoire à partir du 1er janvier 1886.

PRIX-COURANT.

Fleurs de riz (marque abeille) garanties pures à l'analyse, *d'un rendement de 80|85 p. °/₀ garanti sur facture*, spécialement préparées pour l'emploi en brasserie et par des procédés particuliers comme étuvage, ventilation, désagrégation, etc., etc., qui avec *mon mode d'emploi* procurent des résultats inconnus jusqu'à ce jour................ Les 100 kil.   28 50

Cette marchandise comme toutes les autres est à reprendre si elle ne convient pas et facturée à 90 jours, franco gare du destinataire, jusque Paris inclus, reconnaissance dans ses magasins.

Fleurs de maïs provenant de maïs décortiqué.   25 »

Clarifiant végétal Bourigeaud aux conditions détaillées ci-dessus .... Les 100 kil.   60 »

Acide tannique de houblon..... Le kil.   10 »

Levure de sélection.............. Le kil.   2 »

Microscope grossissement 700 à 1,500 fois....   175 »

Densimètre pour brasseurs....................   1 25

Densimètre avec thermomètre intérieur indiquant la richesse en extrait d'un hectolitre de moût et permettant de lire le rendement du malt..   10 »

Thermomètre Centigrade et Réaumur   6 »

Thermomètre de poche.

Éprouvette en fer blanc pour peser les moûts   1 25

Tamis pour passer la Colle, très solidement confectionné, en toile cuivre rouge, marque Mouchel, croisé extra fort à 0ᵐ40 de diamètre................   7 »

Le même à 0ᵐ50 de diamètre....................   10 »

Brosses en chiendent, cintrées, extra fortes, forme écrevisses, chiendent 1ᵉʳ choix... La douzaine   16 »

Battes, manche en jonc..... La douzaine   5 40

Pelles à germer................ .... L'une   3 »

Pelles à ensacher........................   3 50

Papier à bonde gris... Les 2 rames (12 kil.)   6 »

Papier à bonde rouge. Les 2 rames (30 kil.)   12 »

Chevilles pour trou d'air B.......... Le litre   1 »

Chevilles pour trou d'air C.......... Le litre   1 10

Bouchons pour brasseurs.......... Le mille   10 »

Mèches soufrées .... Les 100 kil.   60 »

Bisulfite de chaux supérieur 14° sans arrière goût sulfhydrique, comme le demande le Dʳ Schneider de Worms, chimiquement pur, spécial pour brasseries et ne donnant aucun goût à la bière.   Les 100 kil.   25 »

Bisulfite de chaux 11°, garanti pur.   Les 100 kil.   18 »

Tannin chimiquement pur............. Le kil.   6 »

Baies de genièvre....... .... au cours.

Coriande du Levant....................... au cours.

Glycérine officinale. 28°, employée pour modérer la fermentation principale, adoucir les bières tombées ou aigres................................ au cours.

Restaurateur des bières tournées et filantes permettant de guérir instantanement le filage   3 »

Les effets ne sont pas absolus en raison de l'intensité et de la nature différente de la maladie, mais au cas d'insuccès la marchandise n'est pas facturée.

Vernis à l'alcool pour fûts de brasserie, cuve à fermentation mixte ou basse, pinceaux, etc. Le kil.   4 50

Colle de Russie, Saliansky, 1ᵉʳ choix........ au cours.

Colle de Russie,   id.   2ᵉ choix........ au cours.

Colle de Chine, en galette, marchandise de tout 1ᵉʳ choix................... Le kil.   12 »

Colle du Japon, en cordons........ Le kil.   10 »

Lichen mondé, 1ᵉʳ choix................... au cours.

Lichen Carraghen....................... au cours.

Pieds de veaux, propres et secs, sans aucune odeur ni moisissure, nerfs au-dessus et au-dessous.   Le mille   125 »

Peaux de raies grises anglaises, sans queues, sans têtes et sans boutons, marchandise de tout 1ᵉʳ choix, entièrement soluble............;... Le kil.   7 25

Peaux de raies grises et blanches, sans queues et sans boutons .... Le kil.   5 90

Queues de raies, 1ᵉʳ choix......... Le kil.   0 75

Acide tartrique, chimiquement pur, 1ᵉʳ blanc   Le kil.   au cours.

Acide tartrique ordinaire................. au cours.

Colorant brillant pour bière, marquant 34° à l'aréomètre Baumé et 75 °/₀ au colorimètre, ne troublant ni la bière vieille ni la bière jeune, garanti pur sucre et ne contenant aucun produit qui y serait mélangé en vue d'en augmenter la puissance et la densité .... Les 100 kil.   70 »

Colorant ordinaire.............. Les 100 kil.   60 »

Désinfectant très énergique pour tonneaux de brasserie, nombreuses références attestant son efficacité..................................... Les 100 kil.   50 »

Glucose massé de fécule, 1ᵉʳ blanc....... au cours.

Glucose massé de maïs.................. au cours.

Sucre de riz massé droits acquittés.   Les 100 kil.   60 »

Sirop de canne Saccharum. d'un goût exquis .... Les 100 kil.   45 »

Mélasse St-Louis............ Les 100 kil.   39 50

Le Saccharum est le succédané des céréales, le meilleur marché et le plus recommandable techniquement, s'il est employé rationnellement. (Mode d'emploi spécial.)

Le mode d'emploi de chaque marchandise accompagne la facture.

Les marchandises qui ne conviendront pas sont à reprendre en gare du client, à mes frais.

Les ordres reçus dans la journée partent le jour même.

Expédition franco en gare jusque Paris inclus, valeur 90 jours.

Mon but étant de m'attacher des clients par les services que je peux leur rendre, mes recherches, consultations, déplacements et analyses sont gratuits. Je serais très heureux d'avoir l'avantage de vous lire et vous présente, Monsieur, l'assurance de mes sentiments dévoués.

J. BOURIGEAUD.

Adresse postale et télégraphique :
BOURIGEAUD
LILLE - SAINT - MAURICE.

Loi apportant des modifications à quelques dispositions de la Législation de l'Accise sur la Fabrication des Bières et Vinaigres.

Séance du 5 Août 1887.

M. TACK. — Je crois qu'il y a une erreur d'impression au § 7 de l'article 13. Il est question, dans ce paragraphe 7, des liquides qui filtrent à travers les drèches après l'heure de la fin réelle du déchargement des derniers moûts de la cuve matière, et il y est dit: « Lorsque la quantité de moûts ainsi déclarée ou pouvant être recueillie en trente » minutes de temps s'élève, après réduction, à la densité de 1 à la température de 17 1/2° C., à plus d'un quart de » litre par kilog. de farine déclarée. » Je pense qu'il faut substituer au mot « déclarée », dans le premier membre de phrase, le mot « recueillie ».

M. BEERNAERT. — C'est « recueillie » qu'il faut.

M. LE PRÉSIDENT. — J'ai dit « recueillie ».

M. TACK. — Le document qui nous a été distribué porte « déclarée ». Je demande à dire deux mots du § 7.

Il a dans le principe, effrayé, non sans raison, la brasserie ; mais il a été modifié et complété par une disposition additionnelle émanée de la Section centrale. Je crois que, de la manière dont il est rédigé, les brasseurs n'auront rien à redouter de l'application du paragraphe. Il avait été combattu vivement. L'addition de la Section centrale redresse ce qu'il avait d'incomplet et d'incorrect. L'honorable Ministre des Finances s'est rallié à la disposition modifiée. J'ajoute ceci : il doit être bien entendu que c'est uniquement la quantité recueillie dans l'espace d'une demi-heure qui peut être soumise au contrôle. Le texte le dit mais il est bon d'y insister, de manière que, lorsque le travail en cuve-matière sera terminé, le brasseur ait le droit sans attendre l'arrivée des employés de l'administration, de laisser couler le moût en pure perte. C'est aux employés à connaître le moment utile pour faire le contrôle sur la quantité de moût qui peut être recueillie en trente minutes de temps, après l'heure de la fin réelle du déchargement des derniers moûts.

M. BEERNAERT. — Je me suis rallié à l'amendement de la Section centrale.

— L'article 2 est adopté.

ACCISE N° 2044.

LÉOPOLD II, Roi des Belges,
À tous présents et à venir, Salut.

ART. 1er. — Les articles 5, 9 § 1er, 10 §§ 1er et 2 et 22 § 1er de la loi du 20 août 1885 (*Moniteur* n° 238) sont remplacés par les dispositions suivantes :

Art. 5. — Les déclarations concernant les versements de farines en cuves-matières ou autres vaisseaux ne peuvent avoir lieu que pour des quantités exprimées en nombres entiers, à partir de 15 kilogrammes au minimum par hectolitre de capacité, sans que la totalité du versement puisse être inférieure à 300 kilogrammes. (122, 123.)

Art. 9. § 1er. — *a.* Les quantités de moûts produites par chaque brassin seront réunies, avant toute mise en fermentation. dans un ou plusieurs vaisseaux, tels que chaudières, cuves guilloires. cuves collectrices ou toutes autres cuves, spécialement installées pour la constatation du rendement légal. (140 à 157, 182.)

b. Les moûts doivent avoir subi une ébullition ou avoir atteint une température d'au moins 85° centigrades avant le commencement de la période déclarée pour la réunion. (154 à 156.)

c. Lorsque la constatation du rendement a lieu dans les chaudières, le brasseur doit, à la demande des agents de l'Administration, ralentir le feu sous ces vaisseaux, établir la communication avec l'indicateur-niveau et prélever, soit par la décharge existante, soit par un robinet spécial, placé à 20 centimètres au plus au-dessus de cette décharge, soit par tout autre moyen agréé par l'Administration, les échantillons devant servir à contrôler la densité et la température des moûts produits. Il sera loisible au brasseur de laisser couler, au préalable, un hectolitre de moût au moins. sauf à le reverser immédiatement dans les chaudières. Le refroidissement et le contrôle des moûts pourront être effectués en vases clos. (155. 158 à 162, 164 à 174.)

Art. 10. — § 1er Les moûts recueillis comme il est dit à l'article 9 restent, pendant une période d'une heure, à la disposition des agents de la surveillance (152.)

§ 2. Une seconde période d'une heure sera accordée, pour autant que l'intervalle entre les deux périodes ne dépasse pas six heures. (152.)

Art. 22, § 1er — Par modification à l'article 13 de la loi du 2 août 1822, la déclaration de travail doit être faite au plus tard, entre neuf heures avant-midi et trois heures après-midi, l'avant-veille du jour fixé pour le commencement des travaux dans la cuve-matière, si le bureau du receveur du ressort n'est pas établi dans une commune qui est le chef-lieu de la section des accises. (50, 52.)

Toutefois, l'Administration pourra dispenser les brasseurs de se conformer aux dispositions qui précèdent, à la condition que la veille du brassin, ils en donnent avis au chef de la section des accises, avant quatre heures après midi (50, 52.)

ART. 2. — Les dispositions ci-après sont ajoutées aux articles 13, 21, 22 et 29 de la loi du 20 août 1885.

Art. 13. § 7. — Sera punie de l'amende comminée par le paragraphe 1er, toute soustraction de moûts au contrôle, soit en retenant des moûts dans la cuve-matière ou dans la cuve de clarification avec la drèche, soit en les laissant écouler à perte, soit en les recueillant dans des vaisseaux non déclarés à cet usage, lorsque la quantité de moûts ainsi recueillie ou pouvant être recueillie en trente minutes de temps. s'élève, après réduction à la densité d'un degré, à la température de 17 1/2° centigrades, à plus d'un quart de litre par kilogramme de farine déclarée.

Toutefois, cette amende ne sera pas encourue, si ladite quantité de moûts ajoutée au rendement constaté ne fait pas dépasser le rendement légal augmenté de 10 %. (83, 182.)

Art. 21, § 1er (2e alinéa). — Lorsqu'il est fait usage de plusieurs vaisseaux servant à une première manipulation de matières farineuses, l'Administration peut accorder pour le versement de ces matières, un délai de deux heures, à partir de l'heure déclarée, pour le commencement du travail dans celui desdits vaisseaux qui sera employé le premier. (61. 138.)

Art. 22, § 4. — Par modification au troisième alinéa de l'article 18 de la loi du 2 août 1822, le travail dans la cuve-matière peut commencer entre cinq heures du matin et midi, du 1er octobre au 31 mars. (55 à 57.)

Art. 29 (2e alinéa). — Les dispositions de l'article 27 sont applicables à toute infraction aux mesures prises en vertu du présent article.

ART. 3 — La présente loi sera obligatoire à partir du 1er octobre 1887.

Promulguons la présente loi, et ordonnons qu'elle soit revêtue du sceau de l'État et publiée par la voie du *Moniteur.*

LÉOPOLD.

Par le Roi,
Le Ministre des Finances,
A. BEERNAERT.

ACCISE N° 2045.

IMPÔT SUR LES BIÈRES.

Ostende, le 19 septembre 1887.

LÉOPOLD II, Roi des Belges,
A tous présents et à venir, salut.

Vu l'art. 29 de la loi du 20 août 1885 (*Moniteur* N° 238) ;

Vu la loi du 13 août 1887 (*Moniteur* N° 233), apportant quelques modifications à la loi du 20 août 1885 précitée ;

Vu l'arrêté du 10 octobre 1885 (*Moniteur* N° 290), qui a réglé l'exécution de cette dernière loi, notamment en ce qui concerne l'emploi de substances saccharines, en exemption de l'impôt, dans la fabrication de la bière ;

Considérant qu'il y a lieu de reviser et de compléter quelques mesures prises par le susdit arrêté du 10 octobre 1885 ;

Sur la proposition de notre Ministre des Finances,

Nous avons arrêté et arrêtons :

ART. 1er. Les articles 5 et 7, le premier alinéa de l'art. 8, les articles 11 et 12, le § 2 de l'art 13 et l'art. 16 de l'arrêté précité sont remplacés par les dispositions suivantes :

Art. 5. L'emploi dans le brassin de substances saccharines ne peut avoir lieu qu'après l'heure déclarée pour la fin des travaux de trempe et, le cas échéant, après l'expiration de la période ou des périodes de temps déclarées conformément au § 2 de l'art. 22 de la loi du 20 août 1885 (108, 157).

Art. 7. Le commencement des périodes dont parle l'art 10 de la loi du 20 août 1885, modifié par la loi du 13 août 1887, ne peut, dans aucun cas, précéder l'heure déclarée pour la fin des travaux de trempe (155, 156).

Art. 8 (1er alinéa). Les moûts prélevés pour servir à la constatation de la densité doivent être ramenés à la température de 17 1/2 degrés centigrades. (162, 163).

Art. 11, § 1er. Les brasseurs sont tenus d'inscrire pour chaque brassin, dans un registre fourni par l'Administration, savoir (139) :

1° L'heure de la fin réelle du déchargement des derniers moûts de la cuve-matière ou d'autres vaisseaux ayant servi à des travaux de trempe ;

2° Le volume total des moûts produits avec indication des numéros et de l'espèce des vaisseaux dans lesquels ils se trouvent.

§ 2. Le brasseur qui désire conserver des moûts faibles — c'est-à-dire inférieurs à 2 degrés de densité à la température de 17 1/2 degrés centigrades — provenant des dernières trempes d'un brassin pour servir aux travaux du brassin suivant, en fait mention, sous le N° 17, dans sa déclaration de travail, de la manière indiquée ci-après (142) :

« 17° Qu'il mettra des moûts faibles en réserve pour servir au brassin suivant. »

Il inscrit dans le registre dont parle le § 1er, la date et l'heure de la mise en réserve de ces moûts, leur volume et leur densité à la température de 17 1/2 degrés centigrades, ainsi que la désignation des vaisseaux dans lesquels ils sont conservés (139, 142).

§ 3. Les inscriptions à faire conformément aux §§ 1er et 2 au registre y mentionné, doivent en tout cas être effectuées endéans les deux heures qui suivent la fin réelle des travaux de trempe dans la cuve-matière ou éventuellement dans la cuve de clarification (139, 142).

§ 4. Avant d'utiliser les moûts de réserve dans le brassin suivant, le brasseur doit indiquer audit registre la date et l'heure de cette opération (142).

Les moûts que le brasseur a déclaré tenir en réserve sont compris dans la constatation du produit du brassin dont ils proviennent, mais ils sont portés en déduction du produit constaté du brassin auquel ils ont été employés (142).

Tout enlèvement partiel ou total des moûts de réserve avant l'heure indiquée pour leur emploi au brassin suivant, ou tout détournement desdits moûts de cette destination entraîne l'application de l'amende comminée par le § 1er de l'art. 13 de la loi du 20 août 1885 (142, 182, 248).

Les ampliations des déclarations de travail restent jointes au registre jusqu'au moment de la mise en usage des moûts de réserve (142, 249).

§ 5. Les inscriptions audit registre doivent être faites lisiblement, sans ratures ni surcharges et conformément à l'instruction placée en-tête du modèle arrêté par l'Administration. Ce registre est représenté à toute réquisition des employés et remis à ceux-ci contre reçu, dès qu'il est rempli (158).

Art. 12, § 1er. — Les pompes, monte-jus, tuyaux ou nochères servant à conduire les métiers, moûts ou bières d'un vaisseau dans un autre, doivent être en évidence et disposés de manière à pouvoir être facilement surveillés (151).

§ 2. La disposition du paragraphe précédent n'est pas applicable aux tuyaux ou nochères renseignés dans la déclaration de possession prescrite par l'art. 5 de la loi du 2 août 1822 (9,151).

Art. 13, § 2. L'accès du niveau d'eau doit être facilité par l'installation d'un escalier ou tout au moins d'une échelle fixée ou pouvant se fixer (28,149).

Le brasseur est tenu d'ouvrir la communication entre les chaudières à moûts et l'indicateur-niveau, chaque fois que les employés en font la demande (28, 31, 146, 158).

L'échelle de graduation de ce niveau d'eau est établie par demi-centimètres ou, si le brasseur le désire, par millimètres. Le procès-verbal de jaugeage renseigne celles de ces divisions qui, d'après le jaugeage par empotement correspondent à des contenances de deux ou de cinq hectolitres, au choix du brasseur, lorsque la chaudière sert de vaisseau-collecteur, ou de dix hectolitres lorsqu'elle ne sert pas de vaisseau-collecteur (28, 31, 146, 149).

Art. 16. Les contraventions aux mesures prises par le présent arrêté et par l'arrêté du 10 octobre 1885, non spécialement prévues par les dispositions qui précèdent, sont punies de l'amende de 1,000 francs, comminée par l'art. 27 de la loi du 20 août 1885.

ART. 2. Les dispositions ci-après sont ajoutées aux articles 14 et 15 :

Art. 14, § 4. En tout temps le brasseur doit fournir et faciliter aux employés de l'Administration le moyen de vérifier et de constater l'espèce, la densité et la température des matières et des liquides contenus dans les cuves, chaudières, bacs ou autres vaisseaux, récipients et appareils de son usine (249).

Art. 15, § 5. Une copie du procès-verbal renseignant les résultats du dernier jaugeage des vaisseaux de l'usine sera également déposée dans ce pupitre et conservée par les brasseurs conformément au second alinéa du § 2 (30,249).

ART. 3. Les articles 3, 4 et 6 de l'arrêté du 10 octobre 1885 sont abrogés.

ART. 4. Notre Ministre des Finances est chargé de l'exécution du présent arrêté qui sera obligatoire à partir du 1er octobre 1887.

LÉOPOLD.

Par le Roi :

Le Ministre des Finances,
A. BEERNAERT.

NOTE. — Par suite de la mise en vigueur, à partir du 1er octobre 1887, de la loi du 13 août 1887, R. 2044 et de l'arrêté royal du 19 septembre suivant, R. 2045, il y a lieu d'apporter aux renvois (4), (7), (17), (21) et (65) de la législation de l'impôt sur la fabrication des bières et vinaigres, R. 1958, les modifications indiquées ci-après :

Renvoi (4). page 2. Supprimer les mots :
« — Voir en outre l'art. 4 de l'arrêté royal du 10 octobre 1885. »

Renvoi (7), page 4. Compléter ce renvoi par la mention suivante :
« De même on comprendra dans cette déclaration les tuyaux et nochères servant à conduire les métiers, moûts ou bières d'un vaisseau dans un autre, lorsqu'ils ne sont pas en évidence et disposés de manière à pouvoir être facilement surveillés (§ 2 de l'art. 12 de l'arrêté royal du 10 octobre 1885, modifié par celui du 19 septembre 1887). »

Renvois (17) page 8, (21) page 9 et (65) page 34. Remplacer ces renvois comme il suit :
« (17) Le § 1er de l'art. 22 de la loi du 20 août 1885, modifié par la loi du 13 août 1887, prescrit de faire cette déclaration l'avant-veille du jour fixé pour le commencement des travaux dans la cuve-matière lorsque le bureau du receveur du ressort n'est pas établi dans une commune qui est le chef-lieu de la section des accises. Toutefois, les brasseurs sont dispensés de faire la déclaration de travail l'avant-veille du brassin, moyennant l'accomplissement de certaines formalités prescrites par le § 50 de l'instruction générale, R. 1959, modifié par le R. 2046.

» (21) La déclaration de travail doit être complétée selon les indications du § 2 de l'art. 22 de la loi du 20 août 1885 et des art. 2 et 11, § 2, de l'arrêté royal du 10 octobre 1885, modifié par celui du 19 septembre 1887.

» (65) La loi du 9 juin 1853 a été abrogée par la loi du 18 juillet 1887, R. 2034. Conformément à l'art. 29 de la loi du 20 août 1885, modifié par la loi du 13 août 1887, les contraventions aux mesures d'exécution prises par le Gouvernement en vertu de l'art. 16 de la loi de la loi du 18 juillet 1860, relativement à la perception de l'accise sur les bières et vinaigres, sont punies de l'amende de 1,000 francs comminée par l'art. 27 de la loi du 20 août 1885 précitée. »

ACCISE N° 2046.

MODIFICATION DE L'INSTRUCTION GÉNÉRALE POUR L'EXÉCUTION DE LA LÉGISLATION SUR LA FABRICATION DES BIÈRES ET VINAIGRES.

Bruxelles, le 21 septembre 1887.

Depuis la mise en vigueur de l'instruction générale du 19 octobre 1885, R. 1959, diverses mesures ont été arrêtées en vue d'assurer l'exécution des lois et instructions sur la fabrication des bières et d'accorder aux brasseurs toutes les facilités compatibles avec le service de surveillance.

D'un autre côté, la loi du 13 août 1887 et l'arrêté royal du 19 septembre suivant, qui apportent à la législation insérée au recueil administratif sous le n° 1958 plusieurs changements importants dont la plupart étaient réclamés par l'industrie, rendent nécessaire la modification de quelques dispositions de l'instruction générale précitée.

L'expérience a démontré en outre l'utilité de reviser d'autres dispositions de cette instruction.

En conséquence, il y a lieu de compléter ou de remplacer les paragraphes mentionnés ci-après de l'instruction générale du 19 octobre 1885, R. 1959, par les dispositions suivantes qui, en tant qu'elles se rapportent aux articles non modifiés des lois et arrêtés antérieurs à la loi de 1887, ne sont en quelque sorte que la reproduction de circulaires manuscrites :

§ 9 *de l'instruction générale.* Cette déclaration comprend les indications énumérées à l'art. 5 de la loi du 2 août 1822, et, le cas échéant, celles prescrites par le § 4 de l'art. 9 de la loi du 20 août 1885 et par le § 2 de l'art. 12 de l'arrêté du 10 octobre 1885, modifié par l'arrêté du 19 septembre 1887.

§ 13. L'art. 65 de la loi sur les distilleries du 18 juillet 1887, R. 2034, interdit d'établir ou de mettre en activité une brasserie et une distillerie dans un même bâtiment, à moins que ces usines ne soient séparées par un mur interceptant toute communication entre elles.

Lorsqu'une brasserie et une distillerie sont placées dans un même corps de bâtiment, il ne peut exister entre elles aucune communication à ciel ouvert. et chaque usine doit avoir une issue donnant, soit·sur la voie publique, soit sur la cour intérieure de l'enclos. Il n'y a pas lieu d'exiger qu'un mur intercepte les communications de l'une à l'autre, si les deux usines comprises dans le même enclos sont séparées par une cour commune.

§ 23. 2° Pendant tout le temps qu'il est fait usage de la capacité réduite de la cuve-matière, il est interdit d'utiliser pour l'ébullition des bières, une contenance supérieure au triple de la capacité réduite de ladite cuve.

Lorsque la contenance du vaisseau servant à l'ébullition des bières dépasse le triple de la capacité réduite de la cuve, les employés doivent être mis à même de constater à l'aide de l'indicateur-niveau prescrit par l'art. 13 de l'arrêté du 18 octobre 1885, modifié par l'arrêté du 19 septembre 1887, que la contenance utilisée n'excède pas la proportion voulue.

Pour l'application du § 1er de l'art. 14 de l'arrêté du 10 octobre précité, la cuve-matière est considérée dans le cas dont il s'agit comme formant deux vaisseaux Elle doit figurer au procès-verbal de jaugeage et dans les déclarations de travail n° 288 ou 288bis sous le n° 1, pour sa capacité intégrale et sous le n° 1bis, pour sa capacité réduite.

§ 28. Indépendamment des conditions imposées pour l'installation des ustensiles en général, l'art. 13. § 1er, de l'arrêté du 10 octobre 1885, modifié par l'arrêté du 19 septembre 1887, exige que, dans les brasseries où l'on travaille avec payement de l'accise d'après la quantité de farine déclarée, les chaudières servant à la cuisson des moûts soient munies d'un niveau d'eau en verre répondant aux conditions de l'appareil décrit à l'annexe A et permettant de constater le volume des moûts ou autres liquides contenus dans le vaisseau.

Le niveau d'eau dont il s'agit doit conformément au § 2 du dit article être facilement accessible. En l'absence d'un escalier ou d'une échelle fixée à demeure, le brasseur est tenu de fournir aux employés les moyens nécessaires pour y avoir immédiatement accès.

D'après la même disposition, l'échelle de graduation de ce niveau d'eau est établie par demi-centimètres ; toutefois elle peut être graduée par millimètres, si le brasseur le désire. Le procès-verbal de jaugeage renseigne celles de ces divisions qui, d'après le jaugeage par empotement, correspondent à des contenances de 2 en 2 ou de 5 en 5 hectolitres, au choix du brasseur, lorsque la chaudière sert de vaisseau-collecteur, ou de 10 en 10 hectolitres lorsqu'elle ne sert pas de vaisseau-collecteur.

Les brasseurs qui voudront établir l'échelle de graduation par millimètres ou faire indiquer au procès-verbal de jaugeage les divisions qui correspondent à 2 hectolitres, devront en faire la déclaration au bureau du receveur du ressort dans la forme prescrite par l'art. 11 de la loi du 2 août 1822.

Il est à remarquer que le § 1er de l'art. 13 précité ne parle que des chaudières servant à la cuisson des moûts. On ne doit donc pas munir d'un niveau d'eau les chaudières servant *exclusivement* au chauffage de l'eau, à une première manipulation de matières ou au transvasement de matières détrempées. Il en est de même de la chaudière, dite saccharificateur, destinée à réunir les premiers extraits de la cuve-matière, appelés «blancs malts», lesquels contiennent une quantité plus ou moins considérable dé matières farineuses et sont, après une cuisson dans cette chaudière, renvoyés sur la drèche de la cuve-matière ; mais la chaudière en question devrait être munie d'un niveau d'eau si, tout en servant à la cuisson des premiers extraits, elle était ultérieurement utilisée à l'ébullition des moûts.

Le niveau d'eau se compose d'un tube de verre supporté par un ajutage muni de deux soupapes ; l'une, vers la chaudière. sert à isoler l'appareil ; l'autre, à la base, permet de le vider. L'échelle de graduation est en métal ou en bois avec indication apparente de ses divisions.

L'appareil est mis en contact avec le fond de la chaudière, soit par un tube de communication spécial, soit par le tube servant au déchargement des liquides.

Le brasseur doit veiller à empêcher les obstructions éventuelles de l'appareil dont il est tenu d'assurer le bon fonctionnement. Il doit aussi, lorsque la communication entre la chaudière à moûts et l'appareil n'existe pas, la faire établir à la première réquisition des agents de l'Administration.

Il résulte des termes de l'art. 13 prémentionné, qu'une certaine latitude est laissée au brasseur pour la forme à donner au niveau d'eau ; seulement cet appareil doit être établi de telle sorte qu'il remplisse complètement le but indiqué. Il ne peut toutefois être remplacé par un flotteur ou autre appareil analogue.

§ 30 (*alinéa nouveau*). Une copie du procès-verbal renseignant les résultats du dernier jaugeage des vaisseaux de l'usine est formée par les employés et déposée dans le pupitre prescrit par l'art. 15 de l'arrêté du 10 octobre 1885, modifié par celui du 19 septembre 1887 (1).

§ 34. Après que les employés ont versé dans la cuve ou dans la chaudière toute l'eau qu'elle peut contenir, c'est-à-dire jusqu'au point où commence le débordement du côté de l'inclinaison, ils mesurent la partie restée à découvert du côté opposé. Le nombre de litres correspondant à cette partie est compris, de même que le nombre de litres que représente l'espace occupé par les faux-fonds, les pompes à jeter, les agitateurs et les extracteurs fixes, dans la 13e colonne du procès-verbal n° 286. Lorsque cette partie dépasse la tolérance d'un centimètre et demi, le nombre de litres formant *la différence en plus* est porté dans la 15e colonne au-dessous du résultat de l'empotement,— après avoir inscrit en travers des colonnes 12 à 14 les mots « Inclinaison dépassant la tolérance ». Ce nombre de litres est ajouté au résultat de l'empotement pour déterminer la capacité imposable ou réelle du vaisseau. (Art. 2, L. 20 décembre 1851.) (Voir § 19).

§ 50. La déclaration de travail doit être remise au bureau du receveur, entre 9 heures du matin et 3 heures après-midi, et au plus tard : l'avant-veille du jour fixé pour le commencement des travaux dans la cuve-matière, si le bureau du receveur du ressort n'est pas établi dans une commune qui est le chef-lieu de la section des accises (1er alinéa du § 1er de l'art. 22, de la loi du 20 août 1885, modifié par la loi du 13 août 1887), ou la veille du jour fixé pour la mise de feu sous la chaudière à eau, dans les autres cas (1er alinéa de l'art. 13, L. 2 août 1822).

Les brasseurs dont la déclaration devrait , en vertu de la disposition précitée, être faite l'avant-veille du brassin, sont dispensés de se conformer à cette obligation. et peuvent , par conséquent , faire leur déclaration de travail la veille du brassin , comme les autres brasseurs, à la condition que ce jour-là ils en donnent avis au chef de la section des accises . avant quatre heures après midi. (2e alinéa du § 1er de l'art. 22 de la loi du 20 août 1885 , modifié par la loi du 13 août 1887). L'avis dont il s'agit sera libellé conformément à l'annexe B . et devra être remis au domicile du destinataire , au plus tard à l'heure indiquée ci-dessus. L'Administration se réserve , dans le cas où le non

(1) Les employés sont dispensés de remplir désormais le tableau placé à la fin du livret n° 336.

accomplissement de ces conditions par un brasseur ne serait pas justifié, de lui retirer la dispense mentionnée ci-dessus.

La disposition qui fait l'objet de l'alinéa précédent n'apporte aucun changement aux instructions concernant l'envoi par le receveur au chef de service, d'un bulletin N° 288 *ter*.

§ 55. Le travail dans la cuve-matière ne peut commencer, du 1er avril au 30 septembre, qu'entre quatre heures du matin et midi, et du 1er octobre au 31 mars, qu'entre 5 heures du matin et midi.

§ 58. Toute anticipation de travail sur le temps déterminé ci-dessus et fixé par la déclaration de travail est punie, savoir :

1° Dans les brasseries où l'on effectue simultanément le versement et le mouillage de la farine, d'une amende de 1,000 francs ;

2° Dans les brasseries où l'on n'effectue pas simultanément le versement et le mouillage de la farine :

a. d'une amende égale à celle indiquée au N° 1 si, travaillant sous le régime du chapitre II, l'anticipation est de plus de 30 minutes :

b. d'une amende de 848 francs si, travaillant sous le régime du chapitre III, l'anticipation est de plus d'une heure.

§ 61 (*alinéa nouveau*). Lorsqu'il est fait usage de plusieurs vaisseaux servant à une première manipulation de matières farineuses, l'Administration peut accorder, pour le versement de ces matières, un délai de deux heures, à partir de l'heure déclarée pour le commencement du travail dans celui des dits vaisseaux qui sera employé le premier. (Art. 21, § 1er, 2e alinéa, L. 20 août 1885, modifié par L. 13 août 1887).

§ 69 (*alinéas nouveaux*). Dans la pensée du Gouvernement, la séparation complète existe lorsque l'endroit où est placé le moulin est séparé de celui où se trouvent les cuves-matières, la chaudière à farine et les trémies, par un mur ou par une cloison, qui peuvent être percés d'une porte.

Le § 2 de l'article 21 de la loi précitée doit donc être entendu en ce sens que si le moulin est en activité (ce qui implique la présence de farine), il ne peut se trouver dans le local même où sont placées les cuves-matières, la chaudière à farine et les trémies ; mais il est clair qu'il n'y aura contravention à la loi que lorsque la présence de farine dans ledit local sera constatée après l'expiration des délais mentionnés aux litt. A et B du § 65.

Comme certaines difficultés peuvent résulter de l'interdiction de posséder de la farine dans le local où se trouve la trémie de chargement, en dehors des heures réglementaires, on pourra tolérer qu'après la fin des périodes mentionnées ci-dessus, il existe de la farine, destinée au brassin suivant dans la trémie ou dans le local où celle-ci est placée, à la condition expresse que toute communication entre cette trémie et la cuve-matière ou la chaudière à farine soit interceptée, à l'aide d'une fermeture cadenassée, ou par l'enlèvement du conduit de la trémie, sur une longueur d'un mètre au moins, au-dessus de la partie supérieure de la cuve-matière ou de la chaudière à farine. Cette tolérance sera retirée aux brasseurs qui en auraient abusé.

La communication dont il s'agit à l'alinéa précédent peut être rétablie immédiatement après l'heure déclarée pour la fin des travaux dans les cuves-matières ou éventuellement dans la chaudière à farine. Par conséquent, l'interdiction de posséder de la farine dans les locaux où se trouvent les dits vaisseaux cesse d'exister à partir de ce moment.

§ 83 (*alinéa nouveau*). Il n'échappera pas que, d'après les dispositions du § 7 de l'article 13 de la loi du 20 août 1885, modifiée par la loi du 13 août 1887, le fait de laisser écouler des moûts à perte dans les brasseries travaillant sous le régime du chapitre II, constitue, dans certains cas, une contravention punie par le § 1er de l'article 13 précité (*Voir* § 182).

§ 106. Rapporté.

§ 107. Rapporté.

§ 108. L'emploi de substances saccharines en exemption de l'impôt ne peut, aux termes de l'art. 5 de l'arrêté du 19 septembre 1887, avoir lieu qu'après l'heure déclarée pour la fin des travaux de trempe, et, le cas échéant, après l'expiration de la période ou des périodes de temps, déclarées conformément au § 2 de l'article 22 de la loi du 20 août 1885 (Voir § 157). Lorsqu'elles sont utilisées en cuve-matière, elles doivent y être versées en même temps que la farine, et sont considérées comme matières imposables, soit à raison du rendement qu'elles produisent, soit à raison de l'espace qu'elles occupent dans le vaisseau, selon le régime auquel le brasseur se soumet.

§ 122 (1er *alinéa*). D'après l'art. 5 de la loi du 20 août 1885, modifié par la loi du 13 août 1887, cette déclaration ne peut avoir lieu que pour des quantités exprimées en nombres entiers, à raison de 15 kilogrammes au minimum par hectolitre de capacité, sans que la totalité du versement puisse être inférieure à 300 kilogrammes.

§ 123. L'attention des receveurs est spécialement appelée sur les dispositions de l'article 5 précité.

Il résulte de ces dispositions que le minimum de versement de 15 kilogrammes ne s'applique qu'aux brasseurs utilisant pour le premier travail des farines une contenance de 20 hectolitres et au-delà. Ceux qui font usage de cuves-matières, dont la contenance est inférieure à 20 hectolitres doivent calculer leur versement par hectolitre, de manière à déclarer une quantité totale, qui ne peut, dans aucun cas, être inférieure à 300 kilogrammes. Par conséquent, devraient être refusées les déclarations de travail qui mentionneraient, soit une quantité inférieure à 15 kilogrammes, ou une quantité supérieure qui ne serait pas exprimée en nombres entiers, par hectolitre de contenance des vaisseaux dont il s'agit au paragraphe précédent, soit un versement total inférieur à 300 kilogrammes. De même on n'acceptera pas les déclarations mentionnant des quantités différentes pour la farine dans la cuve-matière et la chaudière, soit par exemple 30 kilogrammes pour la cuve et 20 kilogrammes pour la chaudière. Mais l'obligation imposée sous ce dernier rapport au brasseur ne peut en rien entraver son travail, car il lui est loisible d'effectuer le versement comme il l'entend, soit en quantités égales par hectolitre, soit autrement. Ainsi donc, un brasseur qui fait usage d'une cuve-matière de 30 hectolitres et d'un cuiseur de 10 hectolitres doit déclarer, d'après la loi, un minimum de 600 kilogrammes, mais rien ne s'oppose à ce qu'il verse dans son cuiseur seulement 50 à 100 kilogrammes, et à ce qu'il utilise le reste dans la cuve-matière.

Pour établir la quantité totale de farine à inscrire sous le N° 1 dans la déclaration de travail, lorsque le produit de la multiplication de la capacité des vaisseaux, repris sous le N° 5 par le versement par hectolitre présente une fraction de kilogramme, celle-ci est forcée ou négligée selon qu'elle dépasse ou non 5 hectogrammes.

§ 132 (*alinéa nouveau*). Dans certaines brasseries, il existe au-dessus du local où est installé la cuve-matière, des ouvertures pratiquées dans le plancher du magasin à farine situé à l'étage, par lesquelles des brasseurs opèrent le chargement des vaisseaux servant au travail de la mouture. Ces ouvertures, qui sont généralement munies de conduits ou de boyaux en toile par où la farine est versée directement dans dit magasin dans la cuve-matière sont assimilées aux trémies et les prescriptions de l'avant-dernier alinéa du § 69 doivent, le cas échéant, être observées.

§ 134 (*alinéa nouveau*). Le travail dans la cuve-matière peut commencer immédiatement après le versement total de la farine, c'est-à-dire pendant la demi-heure qui précède l'heure déclarée si, bien entendu, le brasseur ne fait pas usage du bénéfice des dispositions de l'art. 21 de la loi du 20 août 1885, en opérant simultanèment le versement et le mouillage de la farine. Dans ce cas , aucune anticipation sur l'heure déclarée n'est tolérée (Voir § 58).

§ 138 (*alinéa nouveau*). Les brasseurs dont il s'agit à l'alinéa précédent , et qui déclarent user des facultés accordées par les articles 8 et 21 , § 1er, de la loi du 20 août 1885, modifiée par la loi du 13 août 1887, peuvent aussi effectuer le versement de la farine en deux ou plusieurs fois , c'est-à-dire verser et macérer d'abord dans la cuve-matière a farine de riz uniquement, puis faire passer la matière ainsi détrempée dans la chaudière où doit s'opérer la cuisson, ensuite continuer le chargement de la cuve avec le malt ordinaire , et ultérieurement faire rentrer dans la cuve les matières transvasées dans la chaudière. Toutefois , ce mode de travail est subordonné à la condition de terminer les opérations de versement et de mouillage dans le délai de 25 , de 35 ou de 45 minutes accordé , suivant la capacité de la cuve-matière , par le premier alinéa du § 1er de l'article 21 précité, à moins qu'il n'ait été accordé un délai de 2 heures , conformément au 2e alinéa du § 1er du même article (Voir § 61).

§ 139 Les brasseurs travaillant sous le régime du chapitre II de la loi du 20 août 1885 doivent, en vertu de l'art. 11 de l'arrêté du 10 octobre 1885, modifié par l'arrêté du 19 septembre 1887, tenir un registre dans lequel ils inscrivent, pour chaque brassin, endéans les 2 heures qui suivent la fin réelle des travaux de trempe dans la cuve-matière ou, le cas échéant, dans la cuve de clarification, savoir : 1° l'heure de la fin réelle du déchargement des derniers moûts de la cuve-matière ou d'autres vaisseaux ayant servi à des travaux de trempe; 2° le volume total des moûts produits, avec indication des numéros et de l'espèce des vaisseaux dans lesquels ces moûts se trouvent. Ils font éventuellement dans le dit registre les inscriptions dont parle le § 142 en ce qui concerne les moûts faibles destinés au brassin suivant. Ce registre est tenu d'après le modèle n° 335 et conformément à l'instruction placée en tête de ce modèle. Il est fourni gratuitement aux brasseurs par l'Administration et doit être remis contre reçu aux agents dès qu'il est rempli.

§ 140. Les diverses quantités de moût de chaque brassin sont réunies, avant toute mise en fermentation, dans un ou plusieurs vaisseaux, tels que chaudières, cuves guilloires, cuves collectrices ou toutes autres cuves, spécialement installées pour la constatation du rendement.

§ 142. Dans les brasseries où l'on pratique ce que l'on nomme en Angleterre, le système des *return voorts*, c'est-à-dire où l'on garde les derniers extraits ou moûts faibles d'un brassin, pour servir aux travaux du brassin suivant, ces moûts sont comptés dans le produit du brassin dont ils proviennent et portés en déduction du produit du brassin auquel ils sont employés. Le brasseur doit indiquer dans sa déclaration de travail qu'il mettra ces moûts en réserve pour les utiliser au brassin suivant, et mentionner au registre qu'il tient en vertu des prescriptions de l'art. 11 de l'arrêté du 10 octobre 1885, modifié par l'arrêté du 19 septembre 1887, savoir :

a. Endéans les deux heures qui suivent la fin réelle des travaux de trempe dans la cuve-matière ou éventuellement dans la cuve de clarification : 1° la date et l'heure de la mise en réserve de ces moûts ; 2° leur volume et leur densité à la température de 17 1/2 degrés centigrades, et 3° la désignation des vaisseaux dans lesquels ils seront conservés ;

b. Avant d'utiliser ces moûts, la date et l'heure de cette opération.

Tout enlèvement total ou partiel des moûts de réserve avant l'heure indiquée pour leur emploi au brassin suivant, ou tout détournement desdits moûts de cette destination, entraîne l'application de l'amende comminée par le § 1er de l'art. 13 de la loi du 20 août 1885.

Ne sont pas considérés comme moûts faibles les moûts ayant une densité de 2 degrés ou plus, à la température normale de 17 1 2° centigrades.

Les ampliations des déclarations de travail restent jointes au registre mentionné ci-dessus jusqu'au moment de la mise en usage des moûts de réserve.

§ 144 (*alinéas nouveaux*). En général tous les vaisseaux spécialement installés pour la constatation du rendement, soit chaudières, cuves ou bacs, dont l'accès est facile, peuvent être admis comme vaisseaux-collecteurs : 1° si leur diamètre moyen (ou la moyenne de leur longueur et de leur largeur s'ils sont de forme rectangulaire) ne dépasse pas cinq fois leur profondeur et 2° si la capacité n'excède pas deux hectolitres et demi par centimètre de profondeur.

Toutefois pour que la constatation puisse se faire efficacement il importe que les vaisseaux dans lesquels doivent être réunis les moûts d'un brassin, pour y rester à la disposition des employés pendant la période ou les périodes mentionnées dans la déclaration de travail, soient isolés de tout vaisseau qui contient des produits d'un autre brassin.

On ne peut donc admettre comme vaisseaux-collecteurs des cuves ou des bacs placés à proximité de vaisseaux dans lesquels se trouvent des bières provenant d'un ou de plusieurs brassins précédents.

Dans plusieurs brasseries les chaudières, bacs ou cuves sont installés de telle façon que le détournement clandestin des moûts est facilité par un système de tuyaux qui met ces vaisseaux en communication directe avec les caves où a lieu l'entonnement.

Une semblable installation rend la surveillance extrêmement difficile et on serait également en droit de n'agréer de tels vaisseaux que pour autant qu'ils n'aient aucune communication directe avec des locaux autres que ceux où ils sont placés. Mais prenant en considération la dépense qui en résulterait et en vue de concilier sous ce rapport, dans la mesure du possible, les intérêts des brasseurs avec ceux de la surveillance, il est permis d'admettre ces vaisseaux pour la réunion des moûts, aux conditions suivantes que l'Administration se réserve de modifier si elles sont reconnues insuffisantes :

1° Lorsque le tuyau de communication est en évidence dans le local de la brasserie où est placé le vaisseau-collecteur, le brasseur est tenu :

a. D'établir à l'intérieur de ce local dans le tuyau de communication existant entre ce récipient et les caves, une solution de continuité d'un mètre environ, qui doit être maintenue depuis le commencement du brassin jusqu'à la fin de la première des périodes déclarées, ou

b. D'interrompre la communication du vaisseau avec les caves, par un réservoir ouvert placé à proximité dudit vaisseau dans le local où celui-ci se trouve;

2° Lorsque le tuyau de communication s'y trouve dissimulé par une maçonnerie, le brasseur doit apposer sur chaque robinet de décharge du vaisseau, au plus tard deux heures avant l'heure déclarée pour la réunion des moûts et dans tous les cas avant toute introduction de moût dans ce vaisseau, un cachet à la cire qui ne peut être enlevé ou altéré avant l'expiration de la première des périodes déclarées. Les employés donnent, le cas échéant, aux brasseurs, les indications nécessaires pour que le scellé soit apposé de manière à rendre impossible tout écoulement de moût ;

3° Lorsque la vidange du vaisseau-collecteur dans la cave ne se fait pas immédiatement en dessous de ce récipient et lorsqu'elle a lieu à l'aide d'un tuyau d'une certaine étendue, le brasseur doit, indépendamment de l'apposition du cachet dont parle le numéro précédent, pratiquer dans ledit tuyau — à proximité du robinet de décharge — une solution de continuité dans les conditions indiquées au litt. *a* du n° 1 ci-dessus.

Si dans leurs exercices les employés reconnaissent que le cachet n'est pas régulièrement apposé ou n'est pas resté intact pendant le temps prescrit, ils le constatent par un procès-verbal d'ordre et, en cas de récidive, ils en rendent compte par la voie hiérarchique à l'Administration qui décide si l'admission du vaisseau-collecteur peut être maintenue.

§ 146. Le procès-verbal de jaugeage renseigne celles des divisions de l'échelle de graduation ou du bâton de jauge qui correspondent aux contenances de 2 en 2 ou de 5 en 5 hectolitres (art. 13, § 2, de l'arrêté du 10 octobre 1885, modifié par l'arrêté du 19 septembre 1887).

Lorsque le volume des moûts à constater ne correspond pas rigoureusement à ces divisions, il est évalué le plus exactement possible par les divisions intermédiaires (même article, § 5).

§ 148 (2e alinéa). Une échelle graduée par demi-centimètres ou par millimètres est gravée, à l'aide d'entailles, sur l'un des côtés larges. Au centre des entailles marquant les centimètres, se trouve une cheville en cuivre. Les décimètres sont indiqués en chiffres (Voir § 28).

§ 151. Il importe que les employés se rendent bien compte de la disposition de tous les tuyaux dans les brasseries où le contrôle densimétrique s'opère. Ils veillent à ce que, conformément au § 1er de l'art. 12 de l'arrêté du 10 octobre 1885, modifié par l'arrêté du 19 septembre 1887, les pompes, monte-jus, tuyaux ou nochères servant à conduire les métiers, les moûts ou les bières d'un vaisseau dans un autre, soient en évidence et disposés de manière à pouvoir être facilement surveillés. Il n'y a d'exception à cet égard que pour les tuyaux et nochères mentionnés au paragraphe précédent et au § 2 de l'art. 12 précité, lesquels doivent, le cas échéant, être spécialement déclarés.

Ils ne perdent pas de vue non plus les changements que les brasseurs apportent au tuyautage et notamment au jeu des robinets ou des pompes servant à la conduite des moûts et des bières.

§ 152. Conformément à l'art. 10 de la loi du 20 août 1885, modifié par la loi du 13 août 1887, lorsque les moûts provenant du brassin sont recueillis, ils doivent rester pendant une période d'une heure à la disposition des agents de la surveillance (§ 1er du dit article).

Une seconde période d'une heure est accordée, pour autant que l'intervalle entre les deux périodes ne dépasse pas six heures (§ 2, id.).

L'attention des receveurs est particulièrement appelée sur la disposition du § 2 de l'art. 10 précité qui ne leur permet pas d'accepter des déclarations de travail mentionnant pour la réunion des moûts deux périodes entre lesquelles il existerait un intervalle de plus de six heures.

Deux heures au moins avant le commencement des périodes déclarées, le brasseur pourra les retarder de deux heures par une inscription faite au verso de l'ampliation de la déclaration de travail (§ 3, id.).

Aux termes des dispositions qui précèdent, les moûts à présenter à la vérification des employés des employés doivent être réunis, dans les vaisseaux-collecteurs, avant le commencement des périodes mentionnées dans la déclaration de travail, à moins que le brasseur n'ait reculé de deux heures au plus, par une inscription au verso de l'ampliation, la période ou les périodes pour lesquelles la réunion n'aura pas lieu à l'heure primitivement déclarée.

Toutefois il ne peut être défendu au brasseur qui a déclaré deux périodes de supprimer la seconde en réunissant dans les vaisseaux-collecteurs et en laissant à la disposition des agents de l'Administration pendant la première période tous les moûts de son brassin. Dans ce cas, mention de cette réunion doit être faite à l'ampliation avant le commencement de la première période.

Il est bien entendu qu'il ne s'agit à l'alinéa précédent que de la suppression de la seconde période et que, dans aucun cas, il ne peut être permis de ne réunir les moûts à l'heure déclarée pour la première période ou, le cas échéant, deux heures plus tard. Toute infraction de ce genre doit être relevée par procès-verbal de contravention.

Les employés constatent durant les périodes déclarées le volume et la densité des moûts, chaque fois qu'ils le jugent convenable (§ 4 de l'art. 10, L. 20 août 1885).

Ils s'abstiennent toutefois de faire cette constatation trop fréquemment dans les brasseries où ils ont, par un examen sommaire, reconnu la parfaite régularité des travaux. L'administration, en voulant empêcher ainsi de multiplier inutilement le nombre de constatations normales, n'entend cependant pas approuver les employés qui se borneraient à n'en faire qu'une ou deux par an.

Enfin il est interdit de confondre avant l'expiration de ces périodes, les produits du brassin auquel elles se rapportent avec les produits d'un autre brassin (§ 5, id.).

§ 154. L'obligation résultant des art. 9 et 10 de réunir les moûts avant toute mise en fermentation et de les tenir ainsi pendant une ou deux périodes d'une heure à la disposition des employés, n'implique pas la défense de les mettre en fermentation pendant ces périodes.

Il résulte du rapport de la section centrale (documents parlementaires n° 145, page 19, session 1884-1885) que l'on doit donner aux deux articles précités l'interpellation suivante :

a. Les moûts pourront être réunis dans des cuves collectrices, au sortir des chaudières, avant le refroidissement ;

b. Si les moûts sont recueillis après le refroidissement, à leur sortie des bacs refroidissoirs ou des réfrigérants, le brasseur ne doit pas, quand le moment indiqué dans la déclaration est arrivé, attendre la présence des agents de l'Administration pour mettre ces moûts en fermentation ; il a le droit de procéder à la mise en fermentation dès que la réunion vient de s'opérer dans le vaisseau-collecteur. Mais les moûts doivent toujours y rester pendant une heure à la disposition des agents pour leur permettre d'en constater la densité.

Il importe de faire remarquer aussi que la réunion des moûts peut avoir lieu, soit à la fois dans plusieurs cuves collectrices, soit successivement dans la même, mais à deux reprises au plus.

Le brasseur, dans ce cas, doit avoir soin de donner aux agents de l'Administration toutes les facilités pour établir la densité de chaque moût recueilli séparément.

§ 155. L'arrêté du 19 septembre 1887, qui modifie celui du 10 octobre 1885, ne reproduit pas la disposition du § 1er de l'art. 7 de ce dernier arrêté, stipulant que la constatation du rendement doit se faire dans les mêmes conditions pour tous les moûts d'un brassin. Désormais il sera donc loisible au brasseur de présenter à la vérification des employés des moûts chauds et des moûts froids, comme il l'entend.

§ 156. Les périodes dont parle l'art. 10 de la loi du 20 août 1885, modifié par la loi du 13 août 1887, ne peuvent commencer avant l'heure déclarée pour la fin des travaux de trempe (arrêté du 10 octobre 1885 art. 7, modifié par l'arrêté du 19 septembre 1887), et les moûts doivent, avant le commencement de ces périodes, avoir subi une ébullition ou avoir atteint une température d'au moins 85e centigrades (L. du 20 août 1885, art. 9, § 1er, modifié par la loi du 13 août 1887).

Cette double condition est essentielle et doit être rigoureusement observée pour ne pas rendre le contrôle du produit du brassin absolument illusoire.

En effet rien ne serait plus facile au brasseur que de restreindre ce produit quand les employés se présenteraient

pour le constater avant l'achèvement complet des travaux, comme rien ne l'empêcherait de faire une addition de matières farineuses après la constatation du rendement si celle-ci pouvait avoir lieu sur des moûts n'ayant subi aucune ébullition ou n'ayant pas atteint une température de 85° au minimum.

§ 157. Lorsque des brasseurs font emploi de substances saccharines en exemption de l'impôt, ces substances ne peuvent jamais, aux termes de l'art. 5 de l'arrêté du 10 octobre 1885, modifié par l'arrêté du 19 septembre 1887, être ajoutées aux moûts qu'après l'expiration de la période ou des périodes de temps renseignées à la déclaration de travail pour la vérification du rendement.

Si le brasseur versait des sucres ou des glucoses dans sa chaudière avant l'expiration de ces périodes, il s'exposerait à une contravention pour excédent de rendement puisque ces matières viendraient augmenter la densité de ses moûts. Toutefois, lorsque deux périodes sont déclarées et que la première période de constatation est expirée, le brasseur peut ajouter des sucres, etc., à la partie de son brassin qui se rapporte à cette période, sans devoir attendre l'expiration de la deuxième.

§ 158. Lorsque les employés visitent les brasseries après l'expiration des travaux dans la cuve-matière, ils examinent aussi souvent que possible si le volume des moûts produits correspond aux inscriptions faites par le brasseur dans le registre n° 335, en exécution des prescriptions du § 1er de l'art. 11 de l'arrêté royal du 10 octobre 1885, modifié par l'arrêté du 19 septembre 1887. Ils constatent de temps en temps la densité de ces moûts.

Si cette vérification *sommaire* leur donne la conviction que le brasseur n'a pas excédé le rendement légal et la tolérance prévue par l'art. 12 de la loi du 20 août 1885, ils peuvent considérer le travail comme régulier. Ils inscrivent le résultat de leur constatation au livret prescrit par l'art. 24 de la loi précitée ainsi qu'à leur calepin n° 291.

Si, au contraire, il résultait de leurs opérations, que le brasseur a produit un volume de moûts supérieur au rendement légal et à la tolérance, ils devraient rester en permanence dans l'usine pour constater régulièrement le rendement aux périodes déclarées par le brasseur.

Lorsque les employés veulent (voir § 152) procéder d'une façon normale à la constatation des moûts obtenus, ils se rendent dans les usines quelques minutes avant l'heure déclarée pour la réunion de ces moûts afin de pouvoir en prendre la densité avant le commencement de la fermentation. (Voir § 154). Si le brasseur a déclaré deux périodes de réunion des moûts, ou s'il a déclaré vouloir retarder cette réunion ainsi que le permet le § 3 de l'art. 10 de la dite loi, les employés restent en permanence dans la brasserie jusqu'au moment où ils ont pu achever leurs opérations. Avant de commencer celles-ci, ils ont toujours soin de prévenir le brasseur ou son fondé de pouvoirs et de l'inviter à assister à leurs vérifications.

Les employés doivent s'assurer, de temps en temps et notamment lorsqu'ils procèdent d'une façon normale à la constatation du rendement d'un brassin, que les chaudières et autres vaisseaux qui ne sont pas déclarés comme renfermant des moûts, n'en contiennent pas.

§ 162. Lorsque la constatation du rendement a lieu dans les chaudières, le brasseur doit, à la demande des agents de l'Administration, ralentir le feu sous ces vaisseaux, établir la communication avec l'indicateur-niveau et prélever, soit par la décharge existante, soit par un robinet spécial placé à 20 centimètres au plus au-dessus du fond de la chaudière, soit par tout autre moyen agréé par l'Administration, les échantillons devant servir à contrôler la densité et la température des moûts produits. Il est loisible au brasseur de laisser couler au préalable un hectolitre de moûts ou moins, sauf à le reverser immédiatement dans les chaudières (L. du 20 août 1885, art. 8, § 1er, modifié par la loi du 13 août 1887).

Avant de constater la hauteur du liquide dans les chaudières au moyen de l'échelle de l'indicateur-niveau, on a soin de purger le tube en verre de l'appareil, en observant à cet effet la marche décrite à l'annexe A.

Les employés effectuent le refroidissement du moût d'épreuve provenant des vaisseaux-collecteurs et le ramènent à la température normale de 17 1/2 degrés centigrades à l'aide du réfrigérant prescrit par le 2e alinéa de l'art. 8 de l'arrêté du 10 octobre 1885.

Lorsque le refroidissement a lieu en vase clos, les employés doivent toujours avoir soin de s'assurer avant d'introduire le moût d'épreuve dans l'appareil, que celui-ci est en bon état et ne renferme rien qui puisse modifier la densité du moût.

Les contrôleurs sont délégués pour agréer les appareils refroidissoirs dont parlent les deux alinéas précédents.

§ 171. Si les moûts sont réunis dans plusieurs vaisseaux-collecteurs, les employés effectuent les mêmes constatations de volume, de température et de densité pour chaque vaisseau. Ils agissent de même lorsqu'il y a deux périodes de réunion des moûts, en ayant soin de négliger, pour chaque vaisseau et pour chaque opération, toute fraction égale ou inférieure au demi-litre et de compter pour un litre toute fraction supérieure.

§ 175. Lorsqu'un brasseur est constitué en contravention pour excédent de rendement, les employés mettent dans deux bouteilles d'un demi-litre au moins, que le brasseur doit leur fournir en exécution de l'art. 15 de la loi du 20 août 1885, les quantités de moûts qu'ils auront tenues en réserve, conformément au § 161, après les avoir au préalable refroidies autant que possible au moyen des moyens dont ils disposent. Ces bouteilles sont bouchées soigneusement et scellées du cachet de l'Administration ainsi que celui du redevable si celui-ci y consent. Il est bien entendu qu'il doit y avoir deux bouteilles d'échantillon pour chaque vaisseau de réunion des moûts.

§ 176. Il est nécessaire de prendre, pour les échantillons, des bouteilles en verre épais (telles que les bouteilles à champagne) et de les boucher et ficeler solidement. Pour éviter autant que possible toute contestation on ne mettra aucun agent chimique dans les bouteilles.

§ 177. Immédiatement après la levée des échantillons une des bouteilles est expédiée directement à l'Administration centrale, avec une lettre d'avis renseignant :

a. Le nom et la résidence du brasseur ;
b. La date de la levée de l'échantillon ;
c. La densité constatée par les employés ;
d. Le cas échéant l'objet de la contestation.

Les indications portées sub litt. *a*, *b* et *c* sont reproduites, avec le nom et la qualité de l'expéditeur, sur une étiquette collée sur la bouteille.

§ 182 (2° 3e et 4e *alinéas nouveaux*). Le § 7 de l'art. 13 précité, modifié par la loi du 13 août 1887, règle l'application de l'amende comminée par le § 1er du même article en cas de soustraction de moûts au contrôle, soit en retenant des moûts dans la cuve-matière ou dans la cuve de clarification avec la drêche, soit en les laissant écouler à perte, soit en les recueillant dans des vaisseaux non déclarés à cet usage, lorsque la quantité de moûts ainsi recueillie ou pouvant être recueillie en trente minutes de temps s'élève, après réduction à la densité de 1°, à la température de 17 1/2 degrés centigrades, à plus d'un quart de litre par kilogramme de farine déclarée. Toutefois cette amende n'est pas encourue si la dite quantité de moûts ajoutée au rendement constaté ne fait pas dépasser le rendement légal augmenté de 10 p. c.

La disposition qui fait l'objet du § 7 prémentionné a pour but d'empêcher que des brasseurs, lorsqu'ils ont atteint le rendement légal plus la tolérance prévue par l'art. 12 de la loi du 20 août 1885, ne parviennent à se soustraire à l'application de la pénalité comminée par ce dernier article du chef d'excédent de rendement, soit en retenant l'excédent dans la cuve-matière ou éventuellement dans la cuve de clarification, soit en le laissant écouler à perte. Si ces manœuvres étaient tolérées, elles auraient immanquablement pour effet de permettre aux brasseurs d'atteindre *toujours*, sans aucun risque de contravention, la limite de la tolérance de 10 % et de fausser ainsi l'économie de la loi qui fixe le rendement légal à 25 litres de moût par kilogramme de farine (1). Mais il n'échappera pas que le fait de retenir des moûts dans la drêche, ou d'en laisser écouler à perte ou bien d'en recueillir, ne constitue pas à lui seul un délit punissable conformément au dit paragraphe. Pour qu'il y ait contravention dans les cas dont il s'agit, il faut que les employés puissent recueillir, dans l'espace minimum de 30 minutes, une quantité de moûts s'élevant, par kilogramme de farine déclarée, à plus de 25 centilitres à 1° de densité à la température de 17 1/2 degrés centigrades et que cette quantité, ajoutée au rendement constaté, fasse dépasser le rendement légal de plus de 2 1/2 litres. Par conséquent c'est aux agents de l'Administration à choisir le moment utile pour faire éventuellement le contrôle sur la quantité de moût qui peut être recueillie en une demi-heure de temps, après l'heure de la fin réelle du déchargement des derniers moûts.

L'article 14 de la loi du 20 août 1885 précitée prévoit les cas de récidive.

§ 186 (*aliénas nouveaux*). Les dispositions du § 185 ne doivent pas être strictement observées par les brasseurs qui prennent l'engagement de payer l'accise à raison de 10 francs par 100 kilogrammes de farine déclarée et éventuellement un supplément d'impôt s'il était constaté que le produit du brassin dépasse le rendement légal de 25 litres de moûts à 1° de densité à la température de 17 1/2 degrés centigrades par kilogramme de farine. Ainsi donc, moyennant le dit engagement, les déclarations ne devront pas être faites huit jours d'avance, les bassins d'essai ne devront pas nécessairement être affectés sous la surveillance permanente des employés et le receveur pourra délivrer des ampliations pour des brassins d'essai à effectuer le même jour dans la même section des accises.

Pour les brassins d'essai, le litt. A de la déclaration ainsi que de l'ampliation n° 288 sera modifié de la manière suivante :

1° Si le brasseur use de la tolérance dont il vient d'être parlé :

« Qu'il entend payer l'accise d'après la quantité de farine, laquelle à raison d'un versement de   kilogrammes
« par hectolitre de capacité des vaisseaux repris sous le n° 5 du litt. C ci-après, s'élève à
« kilogrammes, et éventuellement un supplément d'impôt s'il était constaté que le produit du brassin dépasse le
« rendement légal ».

2° S'il n'use pas de cette tolérance :

« Qu'il entend payer l'accise d'après le rendement constaté à l'achèvement des travaux et qu'il emploiera une
« quantité de farine qui, à raison d'un versement de   kilogrammes par hectolitre de capacité des vaisseaux repris
« sous le n° 5 du litt. C ci-après, s'élève à   kilogrammes ».

Il est bien entendu que les brassins d'essai doivent avoir lieu successivement et que le brasseur ne pourra plus être admis à en faire après avoir effectué un brassin dans des conditions normales.

Les receveurs ne peuvent établir définitivement, ni la quantité de farine à faire figurer dans la 3° colonne du tableau placé au bas de la souche du registre n° 288 et dans la 5° colonne du compte n° 112, ni le montant du droit à porter dans la 7° colonne de ce compte, qu'après avoir reçu des employés des accises de la section le procès-verbal d'ordre dont parle le premier alinéa du présent paragraphe.

Si des brassins d'essai sont déclarés vers la fin d'un mois et que les receveurs ne sont pas encore à même de calculer exactement la quantité de farine imposable et le montant des droits d'accise au moment où ils doivent fournir leur état n° 294 (§ 100, R. 1407) et leur relevé n° 115 (§ 127, R. 512), ils établissent provisoirement au crayon, d'après la déclaration du brasseur, la dite quantité de farine et le montant des droits, sauf à les arrêter définitivement et à les inscrire à l'encre aussitôt qu'ils auront reçu le procès-verbal d'ordre constatant le rendement du brassin.

Le cas échéant, ils indiquent à l'état n° 294 et au relevé n° 115, au moyen de renvois, que tels ou tels chiffres sont approximatifs.

Il va de soi que les différences en plus ou en moins, devront être régularisées dans les états et relevés du mois ou du trimestre suivant.

§ 197 (*aliénas nouveaux*) Par les premiers moûts troubles on entend les quelques seaux de métiers troubles qui s'écoulent au moment du premier déchargement de la cuve-matière et qui sont rejetés immédiatement sur les matières de la dite cuve, versés dans les aliments destinés au bétail ou envoyés aux égouts.

En dehors de cette tolérance, qui ne peut recevoir aucune extension, tout dépôt dans les chaudières non déclarées conformément à l'article 16 de la loi, dans les réservoirs ou vaisseaux de métiers épais dépassant la proportion indiquée à l'art. 17, donne lieu à la rédaction d'un procès-verbal de contravention, quelle que soit la période du travail pendant laquelle ce dépôt est constaté. Le brasseur a tout intérêt à saccharifier complètement ses farines en cuve-matière comme le comporte un travail à moûts clairs.

§ 249. Les brasseurs doivent faciliter aux employés de l'Administration l'exercice de leurs fonctions. Ils doivent donc en tout temps fournir aux dits agents, le moyen de vérifier et de constater l'espèce, la densité et la température des matières et des liquides contenus dans les cuves, chaudières, bacs ou autres vaisseaux, récipients et appareils de leur usine. Ils sont obligés d'établir dans leur brasserie un pupitre avec boîte réunissant les conditions voulues par l'art. 15 de l'arrêté du 10 octobre 1885, modifié par l'arrêté du 10 septembre 1887. Ils sont tenus de veiller à la bonne conservation des registres, de la copie du procès-verbal de jaugeage, des éprouvettes, du verre gradué, etc., que les employés pourraient déposer dans ce pupitre, ainsi que les échelles métriques, bâtons de jauge, etc., destinés à constater le volume des matières premières dans les trémies ou celui des liquides dans les chaudières et autres vaisseaux. Ils doivent aussi mettre deux chaises à la disposition des agents.

Le Ministre des Finances,
A. BEERNAERT.

(1) Voir le § 6 *in fine* de l'instruction générale R. 1959.

La note suivante remplace celle qui suit la description de l'indicateur-niveau, R. 1959, pages 65 et 66.)

Tel qu'il est représenté, l'appareil est fermé. Pour le faire fonctionner, on détourne le volant *E* ; la soupape *D*, en se retirant, établit la communication entre l'appareil et le vaisseau auquel il correspond, et permet au liquide de monter dans le tube en verre *K*.

Si l'on veut s'assurer du bon fonctionnement de l'appareil et acquérir la certitude que le niveau accusé par le tube en verre est bien celui du liquide renfermé dans le vaisseau, on ferme la soupape *D* en tournant le volant *E* : la communication avec la chaudière se trouve ainsi interceptée. On desserre ensuite la vis *G* qui laisse s'ouvrir le clapet *F*; le liquide contenu dans le tube *K* s'écoule au dehors. On referme aussitôt le clapet *F* en serrant la vis *G* et on rétablit la communication avec la chaudière en ouvrant la soupape *D* au moyen du petit volant *E*. Le liquide doit s'élever de nouveau dans le tube *K* jusqu'au niveau du contenu de la chaudière. On doit attendre en général 5 à 6 minutes avant de refermer la soupape *D* afin d'éviter que l'indicateur n'accuse un niveau fictif.

En cas d'obstruction, si l'indicateur-niveau est établi sur le tube de déchargement de la chaudière, il suffira le plus souvent, après avoir fermé la communication *D*, de laisser écouler une certaine quantité de liquide par le robinet de déchargo.

Lorsque, malgré cette manœuvre, l'obstruction continue, ou lorsque celle-ci se produit dans le cas où l'appareil est adapté directement à la chaudière, on ouvre prudemment le clapet *F*, et, dès que les corps obstruants ont été entraînés, on s'assure du fonctionnement régulier de l'appareil en recommençant l'opération comme il vient d'être dit.

N.-B. Le point zéro du bas de l'échelle métrique correspond au fond de la chaudière ou du vaisseau auquel s'applique l'appareil, et l'installation est faite de telle sorte, que lors du jaugeage par empotement, l'eau montant dans le tube en verre *K* doit dépasser la partie cachée dans la vis de bourrage *I*, dès que la quantité de liquide contenue dans le vaisseau atteint cinq hectolitres.

La partie cachée par la vis de bourrage *I* ne peut jamais excéder ni 7 centimètres ni la hauteur correspondante à 5 hectolitres.

Lorsqu'il y a impossibilité reconnue de fixer l'appareil de façon que le point zéro corresponde exactement au nive·u du fond du vaisseau auquel il doit être adapté, le brasseur pourra être autorisé à le placer plus haut à la condition d'introduire en une fois dans le dit vaisseau une quantité de moût dépassant au moins la première graduation de l'échelle métrique.

Avis d'une déclaration pour brasser.

Monsieur le Chef de la section des accises à   , est informé qu'aujourd'hui   188 , j'ai déclaré au bureau des accises à   , vouloir fabriquer un brassin de bière dans ma brasserie nommée   , située à   , rue   , nᵉ

Les travaux dans la cuve-matière commenceront le   , à   heures   midi et finiront le   , à   heures   midi.

Le versement et le mouillage de la farine (1)   effectués simultanément.

La réunion des moûts aura lieu, pour la première période, le   , à   heures midi, et pour la deuxième période le   , à   heures   midi.

L'entonnement des bières sera terminé le   , à   heures   midi·

Le Brasseur,

(1) seront *ou* ne seront pas.

LA LOI NOUVELLE

SUR LES BIÈRES.

www.ingramcontent.com/pod-product-compliance
Lightning Source LLC
Chambersburg PA
CBHW070712210326
41520CB00016B/4315